KB114350

읽을지도,
그러다 떠날지도

지리덕후들의
입체적 문학 여행

읽을지도,
그러다 떠날지도

김경혜·윤메솔·이수연·정민화 지음

harmonybook

지도를 손에 쥐고

이 프로젝트는 소설을 읽을 때마다 생기곤 하던 "여기에 나오는 장소는 어디지?"라는 단순한 질문에서 시작되었다.

책을 읽으며 그런 궁금증이 생길 때마다 지도를 들춰봤다. 그리고 비슷한 호기심을 가진 사람이 하나둘 모여 책 속의 장소를 지도에 함께 표시하기 시작했다. 때로는 그 지도를 들고 여행을 떠났고, 많은 깔깔거림과 함께 어떤 울림을 가지고 돌아왔다. 그것은 2차원적인 텍스트가 3차원으로 확장되는 새로운 경험이었다. 이쯤 되니 "좋은 점이 너무 많아서 더 많은 사람에게 소개하지 않고는 못 배기겠다!"는 지경에 이르게 된 것이다.

이것이 『읽을지도, 그러다 떠날지도』가 만들어진 이유다.

　책장을 넘기면, 지도와 여행으로 함께 읽은 한국문학 6권을 만나게 될 것이다. 각각의 문학작품에 대한 깊은 이해는 없어도 된다. 알면 아는 만큼, 모르면 모르는 대로 지도를 더듬으며 떠나보자.

　책장을 덮으며, 이 책에서 다루었던 문학 작품을 직접 읽고 싶어지기를. 책 속에 나왔던 장소들을 직접 가보고 싶어지기를. 나아가 다른 책도 지도와 함께 읽으며 이야기의 폭과 깊이가 확장되는 경험을 할 수 있기를.

　진심으로 바란다!

읽을지도,
그러다 떠날지도

제2장
두려움의 일상화, 공포의 지형도
『소년이 온다』『차남들의 세계사』

제3장
프로를 요구하는 사회에서 나만의 행복을 찾는 법

『삼미 슈퍼스타즈의 마지막 팬클럽』『한국이 싫어서』

제1장

삶의 반경은
삶의 방향을
변화시킬 수 있을까

『김약국의 딸들』
『운수 좋은 날』

꿀빵을 먹으며 여행은 시작된다

"이것도 한 번 먹어봐요. 크림치즈가 들어 있어서 젊은 사람들이 제일 좋아해!"

"우리 집 꿀빵이 작년 통영 꿀빵 품평회에서 1등 했어요. 먹어봐요."

"팥 앙금 대신 유자가 들어 있어서 아주 상큼하고 맛있으니까 먹어보세요!"

들어는 봤나. 삼보 일꿀빵. 통영 바다 앞 문화마당을 걸어가려면 세 걸음에 한 번씩 꿀빵을 먹어야 한다. 가게 앞을 지나가기만 해도 쓱 다가와 꿀빵 한 조각을 손에 먼저 쥐여주는 적극적인 점원 때문이다. 아니, 솔직히 말하자면 이 집에서는 오리지널 팥, 저 집에서는 크림치즈, 거기에 고구마, 유자, 호박, 초콜릿, 치즈 등 끝없이 달라지는 속 재료를 보면서 시식 욕구도 끝없이 샘 솟기 때문이다.

한 손에 묵직한 꿀빵 한 봉지를 흔들며 길 건너편을 내다보면 푸른 바다가 넘실댄다. 바다가 마냥 평화롭고 아름답게만 보이는 것은 꿀빵 덕분에 마음이 달달해졌기 때문만은 아니다. 통영의 아름다움은 언제나 빛났다. 『김약국의 딸들』의 첫 몇 문장만 보아도, 대한제국 말기에서 일제 강점기로 급변하는 시대에도 이 평화로움이 변함없이 이어졌음을 알 수 있다.

통영은 다도해 부근에 있는 조촐한 어항이다. 부산과 여수 사이를 내왕하는 항로의 중간 지점으로서 그 고장의 젊은이들은 조선의 나폴리라 한다. 그러니 만큼 바다 빛은 맑고 푸르다.

남해안 일대에 있어서 남해도와 쌍벽인 큰 섬 거제도가 앞을 가로막고 있기 때문에 현해탄의 거센 파도가 우회하므로 항만은 잔잔하고 사철은 온난하여 매우 살기 좋은 곳이다.

책 속에서의 통영이 마냥 평화롭게 그려진다고 해서 아주 소외된 지역이었다는 말은 아니다. 오히려 그 이름만 보아도 중요한 군사도시였다는걸 알 수 있다. 통영이라는 이름 자체가 삼도수군통제영의 줄임말이다. 충청도, 전라도, 경상도의 수군을 총지휘하기 위한 해군 기지이자 해군 참모총장이 있었던 곳이다. 이렇게 말하면 당시의 통영이 얼마나 중요한 지역이었는지 와 닿지 않는가. 처음의 삼도수군통제영은 이순신 장군에 의해서 1593년에 한산도에 설치되었지만, 몇 해 지나지 않아 두룡포(지금의 통영)로 옮겨오게 된다. 비록 시간이 흐르면서 통제영의 규율과 관리가 유명무실해졌다고는 하지만, 그래도 통영은 1604년부터 시작해서 1895년 고종이 통제영을 폐지하기까지 거의 300년 가까이 군사도시의 명성을 이어왔다. 통제영의 또 다른 중요한 역할은 지방의 곡물 등을 모아서 중앙정부에 공물로 보내는 것이기도 했다. 그래서 일찍이 인근 지역의 특산품이 배를 타고 통영으로 모여들었고 이를 거래하는 쌀 시장도 발전했다. 통영은 군사도시인 동시에 지방경제에서도 중요한 역할을 했던 것이다.

흔히 갖는 오해가 있다면, 서울에만 사대문이 있다는 것이다. 하지만

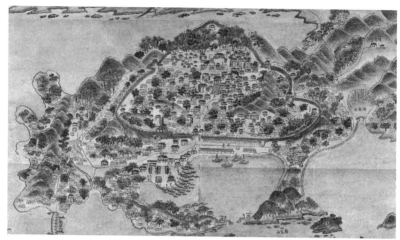

1872년에 제작된 통영 고지도

그것은 한양도성의 사대문일 뿐, 한국의 오래된 도시를 찾아가면 어디에서나 도시를 둘러싸는 성과 성의 안팎을 연결하는 사대문의 흔적을 찾을 수 있다. 전주에서는 전주성, 진주에서는 진주성, 남원에 가면 남원읍성이 있다. 많은 관광객이 전혀 인식하지 못하고 돌아오지만, 제주도에서도 제주성지와 함께 사대문의 흔적을 찾을 수 있다. 조선 시대에 오랜 시간 중요한 역할을 했던 통영에도 당연히 통영성과 사대문이 있었다. 그때의 도시는 사대문 내부를 중심으로 발전했다.

오늘날에는 그 흔적을 맨눈으로 찾기 쉽지 않지만, 1872년에 제작된 통영 지도를 보면 통영성과 사대문의 경계를 뚜렷하게 발견할 수 있다. 북쪽의 세병관을 중심으로 관아의 건물들이 빼곡하게 배치되어 있었고, 남문을 빠져나오면 항구와 함께 싸전(미전, 쌀 시장)을 찾을 수 있었다. 그때의 싸전은 아직도 같은 위치에 남아 있다. 바로 지금의 '중앙시장'이다.

그 남서쪽에는 병선색리청과 병선장청 앞으로 많은 군사용 선박이 정박해 있다. 자세히 보면 뱃머리 모양이 유독 다른 배 한 척을 찾을 수 있는데, 앙증맞게 그려졌다고 무시하지 말자. 거북선이니까! 병선이 모여 있던 곳은 거듭된 간척사업 때문에 오늘의 지도에서는 해안선의 모양이 달리 보인다. 조선 시대였던 1872년에도 군병을 훈련시킬 공간과 농지를 확보하기 위하여 통영성 남문 밖 해안을 메웠다는 기록이 있고, 일제 강점기에도 이 지역의 매립이 이어졌다고 한다. 계속된 매립 때문에 만의 크기가 조금 줄어들기는 했지만, 싸전이 있던 자리에는 중앙시장이 생겼고, 거북선 앞에서 군인이 훈련하던 자리는 오늘날 문화마당이라는 이름으로 거북선 승선 체험을 할 수 있는 광장이 되었다. 조선 시대의 지도를 북쪽의 세병관과 남동쪽의 남망산을 중심으로 비교해보면 그 옛날의 통영이 오늘의 지도와 겹쳐진다. 이렇게 시간은 흘렀을지라도 그 흔적은 그대로 남았다.

그때의 쌀 시장은 중앙시장이 되었고, 거북선 앞에서 군인이 훈련하던 자리는 꿀빵을 우물거리며 거북선 승선 체험을 해볼 수 있는 문화마당이 되었다.

새터, 멘데, 판데! 거기가 어딘데

 통영의 옛 지명을 익히기 위해서는 간척의 역사를 아는 것이 큰 도움
이 된다. 통영의 옛 지명을 익혀서 어디에 쓰냐고? 음, 통영에서 택시를
탈 일이 있을 때 "이순신공원 쪽으로 가주세요."가 아니라 "멘데로 가주
세요."라고 현지인인 척 할 수 있다. 그러면 기사님께서 "어허, 이 녀석
통영을 좀 아는구먼." 하실 거다.

 아무튼, 멘데라는 이름도 조선 시대에 이루어진 간척사업 때문에 붙
여졌다. 현재의 행정구역상으로는 정량동에 속하지만, 통영 토박이들
은 '땅을 메운 데'라는 뜻을 따서 멘데라고 부른다. 간척 때문에 이름이
붙은 또 다른 지역은 서호시장이 있는 서호동이다. 현지인들은 그 지
역을 새터라고 부른다. 산을 무너뜨려 바다를 메워서 물려낸 장소라는
의미로 결국 간척지를 뜻한다. 새터의 유래와 풍경은 『김약국의 딸들』
에서도 잘 드러난다. 1894년부터 1930년대에 이르는 시기를 배경으
로 하는 『김약국의 딸들』에서도 이미 이 지역을 새터라고 불렀을 정도
니, 통영의 간척사업이 얼마나 오래전부터 이루어진 것인지 알 수 있다.

 새터(산을 무너뜨려 바다를 메워서 물려낸 장소) 아침장은 언제
나 활기가 왕성한 곳이다. 무더기로 쏟아놓은 갓 잡은 생선이 파닥
거리는 것처럼 싱싱하고 향기롭다. 삶의 의욕이 넘치는 규환(叫煥)

옛 지명을 적은 통영 지도

속에 옥색 안개 서린 아침, 휴식을 거친 신선한 얼굴들이 흘러간다.

책 속의 활기찬 새터 아침장은 지금의 서호시장이 되었다. 중앙시장에는 온종일 관광객과 현지인이 뒤섞여서 붐비지만, 서호시장은 새벽 일찍 시작하여 오후가 되면 늦기 전에 파장한다. 그러니 책에서 묘사한 강렬한 아침 활기를 느끼고 싶다면 시간 맞춰 가야 한다. "무슨 시장 구경에 아침부터 난리야."라고 투덜거리다가도 이 동네에서 유명한 시래깃국 한 그릇에 산초 한 숟가락 듬뿍 넣어 뜨끈하게 밥 말아 먹고 나오면 "아, 이 맛에 서두르는구나!" 할 거다. 입맛에 안 맞으면 어찌하느냐고!? 지역 특색이 듬뿍 담긴 반찬 뷔페를 포함한 시락국 한 그릇이 5천 원짜리 한 장이면 충분하니 속는 셈 치고 한번 드셔보시라.

아름다운 통영대교의 석양

여기서 배불리 밥을 먹고 어슬렁어슬렁 걷다 보면 나오는 동네가 판데다. 이쯤 되면 옛날 통영 사람들의 작명 센스가 느껴진다. 판데는 운하를 판 곳이어서 판데! 판데에서 가장 유명한 것은 미륵도와 육지를 연결하는 통영대교다. 많은 사람이 통영대교의 야경이 아름답다고 밤에 방문할 것을 추천하더라.

통영대교 아래는 강이나 바다처럼 보이지만 사실은 일부러 파낸 운하다. 예전에는 미륵도와 육지의 해안이 서로 이어져 있었지만, 이 사이로 배가 지나다닐 수 있게 파내서 수로를 만들었다고 한다. 임진왜란 때 왜적이 이순신 장군을 피해 이곳을 파내고 물길을 틔어 도망치다가 떼죽음을 당했다는 야사도 있다. 근데 그 얘기를 듣자마자 '전쟁 중에 배에서 내려 수로 공사를 할 여유가 있었을까?'라는 의문이 드는 걸 보면 그다지 신빙성이 높아 보이지는 않는다. 하지만 『김약국의 딸들』은 이런 지역의 야사까지도 꼼꼼히 담고 있다.

> 판데는 임진왜란 때 우리 수군에 쫓긴 왜병들이 그 판데목에 몰려서 엉겁결에 그곳을 파헤치고 한산섬으로 도주하였으나, 결국 전멸을 당하고 말았다는 곳이다. 그래서 판데라고 부른다. 판데에서 마주 보이는 미륵도는 본시 통영과 연결된 육로였는데 그러한 경위로 섬이 되었다. (중략) 통영 육지도 막바지인 한실이라는 마을에서 보는 판데는 좁다란 수로다. 현재는 여수로 가는 윤선의 항로가 되어 있고 해저 터널이 가설되어 있다. 왜정시에는 해저 터널을 다이꼬보리라 불렀다. 역사상으로 풍신수길이 조선까지 출진한 일이 없었는데 일본인들까지 해저 터널을 다이꼬보리라 불렀으니 우습다.

다이꼬보리라고 소개된 해저 터널은 아직도 그 모습이 그대로 남아 있어서, 배부른 관광객이 슬렁슬렁 걸어 미륵도로 넘어가기에 알맞다. 다이꼬보리(たいこうぼり, 太閤掘)라는 이름은 도요토미 히데요시를 주

로 가리키는 타이코(太閤)에 바치는 굴이라는 뜻이다. 굳이 다리를 놓지 않고 터널을 판 것에 대해서는 다른 이야기가 전해진다. 400여 년 전 와키자카 야스하루가 이끄는 70여 척의 함대는 조선 수군을 쫓아 이 바다로 들어왔다. 후퇴하던 조선 수군이 갑자기 학 날개 모양으로 진형을 바꾸기 시작한다. 왜군이 놀라 통영과 미륵도 사이의 좁은 해협으로 도망쳤으나 도저히 빠져나갈 수가 없었다. 거센 물살과 좁은 바다에 갇힌 왜군은 떼죽음을 당했다. 훗날 일제 강점기에 미륵도와 육지를 연결해야 하는데, 일본인 입장에서는 차마 다리를 놓아 조상이 죽은 곳 위를 밟고 다닐 수 없었기 때문이라고 한다. 어떤 이유에서 만들어졌든지 간에 해저 터널이라는 낭만적인 이름 때문에 자주 오해를 받는다. 물고기가 헤엄치는 아치 사이로 걸어가는 아쿠아리움을 상상하곤 하는데, 그 낭만은 넣어두는 게 좋겠다. 정확히는 바닷속이 아니라, 바다의 바닥 아래 땅속으로 지나가는 터널이라서 어둡고 침침하다. 오죽하면 『김약국의 딸들』에서는 습기와 물이 괴어 있고, 불도 잘 들어오지 않는 황천길로 묘사되어 있을까.

성님, 나룻선 타고 건너갈랍네까?
그만 굴로 가지이. 연불이나 뫼시고 가자.
두 중늙은이는 나들이옷을 입고 시름시름 걸어간다. 그들은 용화산에 불공을 드리러 가는 길이다. 숙고사 침와 숙수 단속곳이 마찰하는 소리가 사각사각 들려온다. 그들은 급격하게 경사진 해저 터널로 들어갔다. 내리막길을 한참 동안 내려가니 터널은 왼편으로 굽어진다. 외부의 광선은 차단되고 침침한 어둠이 코앞에 닿는다.
불이 꺼졌는가배?

윤씨의 목소리가 콘크리트 벽에 윙하고 울린다. 메아리가 되고, 그 메아리는 다시 메아리가 되어 긴 동굴 속에 벽을 치며 번져나간다.

불 안 꺼졌습네다. 저기 전기불이 있네요.

천장에 전등불이 둔중한 빛을 발하고 있었다. 그러나 두 중늙은이는 서로 손을 잡고 더듬거리듯 앞으로 나간다. 터널 바닥에 물이 괴어 질벅질벅하였다. 모터로 물을 뽑아내지만 언제나 이곳에는 습기와 물이 괴어 있는 것이다.

나무관세음보살.

윤씨의 목소리는 또다시 윙하고 울려나갔다.

동승아.

야?

우리가 죽으믄 이런 어두운 굴을 지나가겠제.

그러게요.

지금도 터널이라 조금 어둡긴 하지만, 이제는 전기도 잘 들어오고 모터도 잘 돌아가니까 황천길 같지는 않다. 게다가 터널 중간에 1932년에 건설된 아시아 최초의 바다 밑 터널이라는 설명과 함께 건설 과정이 자세히 소개되어 있어서 터널을 지나는 길이 심심하진 않을 게다. 실제로는 몇 걸음 안 되는 짧은 거리이기도 하고.

해저 터널로 들어가는 입구

간창골 김약국네 다섯 딸

『김약국의 딸들』이라는 제목을 볼 때마다 도스토옙스키의 『카라마조 프 가의 형제들』이 생각난다. 러시아 문학의 어려움이라면 이면에 담긴 사상의 깊이 때문이기도 하지만, 발음하기 어려운 이름 때문이기도 하 다. 같은 사람이 어떤 때는 알렉세이였다가 알렉세이 표도로비치 카라 마조프였다가 알료사가 되기도 하는 바람에, 자꾸 헷갈려서 진도가 나 가지 않는다. 그런 점에서 『김약국의 딸들』도 쉬운 책은 아니다. 김약국 의 딸들이 주요 인물이지만, 이야기는 그 할아버지 때부터 시작되면서 모든 가족 구성원이 줄줄이 소개된다. 특히 다섯 딸이 모두 '용'자 돌림 의 이름을 가지고 있기 때문에 "용란이가 둘째인 줄 알았지? 사실 셋째 지롱, 용용 죽겠지."라고 약을 올린다. 인터넷에 '김약국의 딸들 가계도' 가 돌아다니는 데에는 다 이유가 있는 거다. 아직 『김약국의 딸들』을 읽 지 않았다면 꼭 가계도를 참고하면서 읽기를 추천한다.

그나마 다행인 점은 이 모든 가족이 간창골이라는 한 동네 인근에 모 두 모여 살기 때문에 사는 지역까지 세세하게 기억할 필요는 없다는 것 이다. 『김약국의 딸들』의 주요 무대인 간창골의 이름에도 통영의 역사 가 담겨 있다. 통제영의 관청이 많이 모인 지역이라는 의미에서 발음이 바뀌어 간창골이 되었다고도 하고, 관창(관가의 창고)이 있었던 곳이었

『김약국의 딸들』 가계도

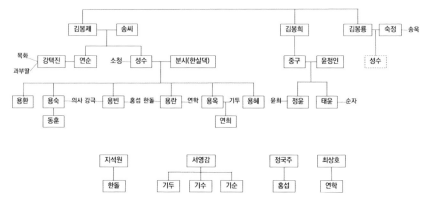

『김약국의 딸들』은 가계도를 함께 보아야 쉽게 읽을 수 있다.

기 때문이라고도 한다.

> 동헌에서 서쪽을 나가면 안뒤산 기슭으로부터 그 아래 일대는 간
> 창골이란 마을이다. 간창골 건너편에는 한량들이 노는 활터가 있고,
> 이월 풍신제를 올리는 뚝지가 있다. 그러니까 안뒤산과 뚝지 사이의
> 계곡이 간창골인 셈이다.

여기에서 서쪽으로 몇 걸음만 옮기면 통영 사대문의 하나인 서문이
있었다. 이 서문은 서문고개라고 불리는 언덕 위에 있었는데, 서문고개
를 기준으로 안쪽은 간창골이고, 그 밖으로 서쪽으로는 대밭골과 명정
골이 있다.
이 대밭골에 첫째 딸 용숙이가 살았다. 열일곱 살 때 결혼했지만 아들

을 하나 낳고는 일찍이 과부가 되었다. 김약국의 아내인 한실댁이 셋째 용란이를 도로골(간창골에서 서문을 넘어 명정골보다 더 서쪽에 있는 마을)에 있는 시댁으로 데려다주다가, 첫째 용숙이가 손자 동훈이 아파서 치료하러 온 의사 선생님과 썸씽이 있는 것 같다는 얘기를 듣게 된다. 그 길로 바로 대밭골에 사는 용숙이네에 찾아가는데, 이게 다 이 서문 바로 밖 대밭골에서 벌어지는 일이다.

둘째 딸인 용빈이는 서울에서 공부하느라 결혼은 미뤄두고 있었다. 예나 지금이나 학벌과 결혼 시기는 대체로 비례하는 걸까.

그래서 첫째에 이어 결혼을 한 것은 셋째 용란이었다. 용란이와 결혼한 연학이는 좋은 집안 출신이기는 했지만 아편쟁이였고, 그의 부모도 이런 연학이에 대해서는 진절머리가 나 있었다. 그래서 자신의 집은 통영 구시가지 서쪽 끝 도로골이었지만, 연학이의 신혼집은 반대편으로 동쪽 끝인 멘데에 차려줬다. 통영 사대문의 동문 밖으로 나오면 다시 통영 앞바다를 만날 수 있는데, 이 바닷가 지역 이름이 바로 멘데다.

멘데 막바지, 부잣집 맏아들을 세간 낸 집이라고 초가집 틈새기에 끼어 있는 네 간 기와집의 기둥은 제법 큼지막하였다. 연학의 부부가 살고 있었다. 큰댁이 있는 도로골과 이 멘데 막바지는 통영읍에 있어서 거의 끝과 끝으로 상당히 먼 거리를 두고 있었다. 연학이의 부모들이 얼마나 진저리가 났으면 아들 내외를 그렇게 먼 곳으로 쫓았는지 능히 짐작되는 일이었다.

처음 이 문장을 읽으면 약쟁이 아들을 굉장히 먼 곳으로 내쫓은 것처럼 느껴진다. 그런데 멘데로 신혼집을 차린 이후로도 용란이는 자주 김

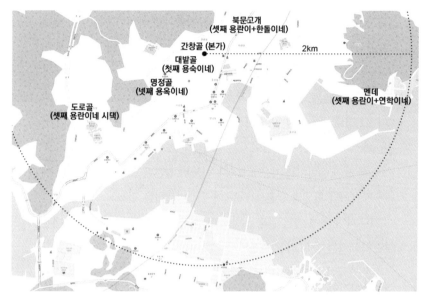

김약국네 본가와 딸들의 집 위치. 글로만 읽었을 때는 잘 모르겠지만, 지도에서 보면 다들 고만고만하게 모여 산다는 게 한눈에 보인다.

약국네에 드나든다. '얘 혼자 날마다 마라톤 뛰는 건가' 싶어져 괜히 용란이의 무릎 건강이 걱정스럽다.

사실 용란이에 대해서 걱정해야 할 것은 무릎 건강보다는 남자 걱정이다. 연학이와 결혼을 하긴 했지만, 옛 연인 한돌이를 잊지 못하고 있었다. 결국 연학이가 잠시 유치장에 들어간 틈을 참지 못하고 용란이는 한돌이를 데리고 두 집 살림을 차리고야 만다. 용란이의 두 번째 신혼집은 북문 밖이었다. 용란이의 엄마인 한실댁은 그 집을 찾아가기 위해 북문 밖 좁은 오르막길을 오르며 힘겹게 한숨을 몰아쉰다. 하지만 통영 사대문의 북쪽 오르막길은 어차피 그 길이 그리 길지 않다. 크게 멀지도 않은 거리인데 그토록 힘들어했던 것을 보면 진짜 몸이 힘들어서

라기보다는 딸의 외도를 확인하러 가는 마음이 고되었던 것은 아닐까.

아무래도 미심쩍어서 지도를 들여다보니 '아차, 그 시대 저 동네의 거리 감각이란 이런 거구나'라는 생각에 머쓱해진다. 김약국네 집에서 용란이네 집은 아무리 멀어봤자 2㎞ 내외니까 걸어가도 30분 정도면 닿는 거리인 셈이다.

게다가 용란이가 바람을 피우면서 한돌이와 함께 지낸 두 번째 신혼집 역시 기껏해야 2㎞ 정도의 거리였다. 연학이든 친정엄마인 한실댁이든 마음만 먹으면 30분 내로 달려올 수 있는 위치인데, 거기에 새집살림을 차렸다는 것을 보면 배포가 작은 것인지 아니면 간이 큰 것인지 헷갈린다.

마지막으로 시집간 넷째 딸 용옥이는 신혼살림을 시댁에서 시작하게 된다. 친정이 있던 간창골에서 서문고개를 넘어 서쪽으로 향하면 바로 나타나는 명정골에서 살았던 것이다. 원래 소학교 공부를 마친 후 집안일을 살뜰히 살피던 용옥이는 시집을 가서도 시댁과 친정 두 집 살림을 모두 살피느라 서문고개를 쉼 없이 오르락내리락한다. 그래도 목이 말라서 힘든 일은 없었겠다. 명정골에 들어서면 바로 길가에 정당새미(정당샘)가 기다리고 있었기 때문이다. 명정골이라는 이름 역시 맑은 샘이 있다는 데서 왔다. 오늘날 통영을 찾아가도 이 우물은 여전히 자리를 지키고 있다.

당연히 용란이의 흔적은 보이지 않지만, 예상치 못한 백석의 시비가 보인다. 아니, 학교 교과서에서 백석은 '이북 사투리의 토속성'이 있다고 배웠는데, 왜 통영 명정골에 백석의 시비가 있는 건지 혼란스럽다. 어지간한 문학 수업 내용이야 오래전에 다 잊어버렸지만, 백석 시인만큼은 엄청나게 잘생긴 데다 자야 여사와의 러브 스토리가 워낙 인상 깊어서 분명히 기억하는데 말이지. 사실 자야 여사에게는 죄송한 이야기지만, 백석 시인이 첫눈에 반해 애정 공세를 쏟았던 진짜 첫사랑은 따로 있었다. 1936년 친구의 결혼식에 갔다가 다른 친구로부터 한 여자 '란'을 소개받는다. 통영 출신의 이화여고 학생이었던 란 역시 백석에게 빠진 것은 당연한 일이지 싶다. 당시의 백석 사진을 보고 있으면 누구라도 다 설레니까. 결국 백석은 통영까지 내려가 교제를 허락받으려 했지만, 백석의 잘생김도 란의 부모님께는 통하지 않았다. 결국 충렬사 계단에 앉아 교제 허락을 받지 못한 아쉬움을 담은 시만 남겼다.

일정(日井)과 월정(月井), 이 두 개의 한자를 합쳐서 명정(明井)이라 부른다. 그 오른편에 보이는 것은 샘 옆의 빨래터다.

처녀들은 모두 어장주(漁場主)한테 시집을 가고 싶어한다는 곳

산 너머로 가는 길 돌각담에 갸웃하는 처녀는 은銀이라는 이 같고

난(蘭)이라는 이는 명정明井골에 산다든데

명정골은 산을 넘어 동백나무 푸르른 감로 같은 물이 솟는

명정 샘이 있는 마을인데

샘터엔 오구작작 물을 긷는 처녀며 새악시들 가운데

내가 좋아하는 그이가 있을 것만 같고

내가 좋아하는 그이는 푸른 가지 붉게붉게 동백꽃 피는 철엔

타관 시집을 갈 것만 같은데

- 『통영2』 / 백석 1936년 1월 23일 발표

  란은 백석의 절친한 친구와 결혼을 했단 걸 생각하면 이게 뭔 막장 스토리인가 싶다. 그래도 백석은 또 다른 사랑 자야 여사를 만났고, 우리에게는 명정골의 아름다움이 담긴 시가 남았다.

백석의 시비에서는 충렬사가 바로 마주 보인다.

이 작은 마을에서 평생을 살았다고?

　명정골, 간창골, 새터처럼 옛날 이름으로 불러서 그렇지 이리 보면 통영도 그리 낯설지 않다. 인터넷에서 '통영 여행 코스'라고 검색하면 나오는 결과물은 고만고만하다. 동피랑 벽화마을에서 사진을 찍고, 꿀빵을 우물거리며 중앙시장을 둘러보다가 도다리쑥국이나 복국을 먹고 서피랑 마을을 산책하다가 세병관에서 이순신의 흔적을 찾는다. 시간의 여유가 있다면 해저 터널을 통과하여 미륵섬에 가서 케이블카나 루지를 타는 일정 정도가 덧붙여질 뿐이다. 다들 약속이나 한 듯이 순서만 다를 뿐 비슷한 공간을 즐기다 온다.

　여기서 놀라운 점이 두 가지 있다. 첫 번째 놀라운 점은 이 모든 공간이 『김약국의 딸들』의 주 무대라는 것이다. 예를 들어 지금 이 순간 세병관을 찾은 이가 마루에 올라서서 통영만을 내려다본다면, 한눈에 교회 첨탑도 하나 찾을 수 있다. 여기서 보이는 교회는 선교사가 세운 곳으로 셋째 용빈이가 마음이 힘들 때마다 찾아가던 곳이다. 책에서는 통통한 케이트 양을 비롯하여 영국 선교사라고 묘사했지만, 실제로는 호주에서 온 선교사들이 일찍이 자리를 잡았었다. 그때의 선교사들이 어린이 교육과 여성 계몽에 힘썼기 때문에 용빈이와 용옥이는 심란한 일이 있을 때마다 그토록 자주 선교사와 예배당을 찾았던 것이고, 우리는 그 흔적을 책 밖에서도 발견할 수 있다. 교회뿐만이 아니다. 세병관 역시 다양한 모습으로 책 속에 등장한다. 지금은 기둥과 지붕만 있어 시원하게 뻥 뚫린 모습을 하고 있다. 이 책의 초반에서는 김약국의 딸들이 태어나기 이전, 즉 할아버지와 아버지 세대의 이야기를 주로 다루었다. 그때만 해도 글 여기저기에서 위풍당당한 세병관의 기운이 느껴졌다. 하지만 그 이후, 딸들의 이야기가 주로 그려졌던 일제 강점기에는 세병관이 학교로 쓰인다. 용빈이와 오랜 친구 홍섭이가 둘이 따로 만나던 장소가 바로 이때의 세병관이다.

> 홍섭이 먼저 발을 떼어놓았다. 그리고 엉성하게 엮어둔 철망을 건너 교정으로 들어간다. 용빈도 뒤따랐다. 그들은 세병관 – 세병관은 소학교 교사의 일부분으로 사용되고 있었다 – 돌 축대 위에 나란히 걸터앉았다. 잿빛 박명이 깔린 세병관 돌축대 한구석에 시커먼 지붕의 그늘이 덮이고 사용이 금지된 세병관 정문 옆에 벚나무가 줄지어 서 있었다. 밤은 고요하다.

아니, 뻥 뚫린 공간이라면서 수업은 어떻게 했느냐 싶겠지만, 학교로 쓸 때는 기둥을 벽으로 막아서 건물처럼 만들었다고 한다. 이후 통제영 전체를 복구하면서, 교실 벽을 뜯어내기만 했기 때문에 아직도 기둥을 보면 그때 벽을 달았던 흔적을 찾을 수 있다고 들었다. 그런데 암만 눈을 씻고 찾아봐도 보이질 않으니, 착한 사람 눈에만 보이는 건가 보다. 누가 찾아서 꼭 알려주면 좋겠다.

하지만 더 놀라운 점이 있다면, 세병관에서 내려다보이는 그 공간이

그림 8 1920년대 세병관
(『統營』, 국립진주박물관, 2013년)

학교로 쓰기 위해서 막아놨던 벽과 문만 뜯어냈을 뿐. 세병관의 전체적인 모습은 예나 지금이나 변한 것이 없다.

김약국 딸들의 생활 반경 전체라는 것이다. 대부분 등장인물은 반나절이면 어슬렁거리며 돌아볼 수 있는 이 좁은 지역을 벗어나지 않고 평생을 살아간다. 왼편으로 제일 멀리 보이는 이순신 공원이 있는 곳이 용란이의 신랑 연학이에게 그의 부모님이 진절머리가 난다고 멀리 내쫓듯이 신혼집을 내주었던 멘데다. 그 반대편으로 제일 멀리 갈 수 있는 것은 해협 건너편 미륵섬이다.

통영 여행 일정은 이렇게 끝에서 끝으로 짜면 딱 좋다. 일출 명당으로 유명한 이순신 공원에서 여행의 일정을 시작한다면 다음 코스는 동피랑이다. 사람들이 몰려들기 전에 포토 스팟에서 기념사진을 찍었다면 중앙시장으로 내려오자. 여전히 현지인에게는 생활밀착형 시장이지만, 관광객에게는 먹방을 위한 필수코스가 되었다. 중앙시장에 간다면 꿀빵은 위장에 시동을 걸 뿐이니, 충무김밥도 놓쳐서는 안 된다. 위장이

든든해졌다면 거북선이 주차된 문화마당을 어슬렁어슬렁 거쳐서 세병관으로 오른다. 세병관 바로 옆 골목이 바로 김약국네 집이 있던 간창골이고, 그 비탈길을 따라 올라가면 한실댁이나 김약국의 딸들처럼 서문고개를 넘게 되는 것이다. 용숙이가 살던 대밭골을 지나 용옥이가 살던 명정골에 도착하면 충렬사에 도착한다. 여기서 내리막길을 쭉 따라 내려가면 '통영 도다리쑥국'을 검색했을 때 나오는 대표적인 식당 몇 군데가 몰려있는 시장이 나온다. 이 서호시장은 통영 아낙들이 장을 보러 갔다 정신 잃은 용란이를 마주쳤던 바로 그 새터 시장이었다. 몇 걸음만 더 옮기면 해저 터널이 있고, 한실댁이 얘기했던 황천길을 떠올리며 걷다가 정신을 차려보면 이미 미륵도에 도착해 있을 것이다.

중간에 자꾸 뭘 먹어서 오랜 시간이 걸릴 것처럼 보이지만, 사실 이 코스를 다 걸어서 이동하더라도 반나절이면 충분하다. 『김약국의 딸들』의 등장인물이 무려 삼대에 걸쳐서 살아온 공간이지만, 느긋하게 걸어도 반나절이면 갈 수 있는 작은 동네인 셈이다.

직선거리가 아니라 그 모든 거리를 걷는다고 생각하고 넉넉잡아 계산해도 5㎞면 충분하다. 이것도 사실 코스를 추가해서 그렇지 그냥 등장인물의 집만을 고려한다면, 제일 멀리 있었던 용옥이네에서 용란이네 집까지 거리는 2㎞ 정도밖에 안 된다. 1㎞라는 거리가 직관적으로 와닿지 않는다면 건널목을 건널 때를 생각해보자. 일반적으로 건널목의 신호 시간을 결정할 때 보행자의 약 90%가 1.2m/sec 또는 그 이상의 속도로 걷는다고 전제한단다. 이를 환산하면 4.3㎞/hr다. 『김약국의 딸들』에 나온 삼대의 가족들은 넉넉잡고 또 넉넉잡아 한 시간 반이면 걸어갈 수 있는 거리 안에서 평생을 살았던 셈이다.

세병관에서 내려다보이는 그 공간이 김약국의 딸들의 생활 반경 전체다.

이 책을 읽다 보면 주인공들의 삶이 왜 이렇게까지 비극적이냐는 의문이 든다. 주변 눈치 안 보고, 자기가 원하는 것이 무엇인지 찾아서 주체적으로 실행하는 사람이 거의 없다. 그런데 이 5㎞의 거리를 보고 있으면 이 모든 비극의 이유가 어느 정도 설명된다. 평생을 같은 사람과 얼굴을 마주하고 사니 눈치를 안 볼 수가 없고, 자신이 원하는 것을 찾아 실행하기에는 그들의 경험과 사고 범위가 좁았던 것이다. 결국 모두가 비극적일 만큼 좁은 삶의 반경으로 인한 피해자다.

이 책은 용빈이를 중심에 두고 이야기를 이어가기 때문에 최대 피해자가 용빈이처럼 보인다. 특히 지성과 인품에 미모까지 갖춘 완벽한 캐릭터로 묘사되어 있기 때문에 "아이고, 우리 용빈이가 어려서부터 더 넓은 지역에 살았으면 가족 걱정 덜하고 제 뜻을 더 넓게 펼쳤을 텐데."라는 한탄을 금할 수 없다. 그러나 다시 말하지만, 모두가 피해자였다.

어쩌면 최대 피해자는 용란이었을지도 모른다. 비록 용란이가 예의와 손재주는 없었을지라도 뛰어난 미모의 소유자였으며, 무엇보다 자신이 원하는 바를 뚜렷하게 밝힐 수 있는 소신을 갖추고 있었다. 어려서부터 자신을 돌보아준 머슴 한돌이에 대한 마음을 드러낼 수 있는 용기가 있었고, 또한 그 용기를 실천하는 대담함도 보여주었다. 하지만 용란이의 주체적인 사랑도 5㎞라는 물리적 거리를 넘어서지는 못했다. 김약국의 가족은 용란이가 머슴과 자유연애를 하는 것을 동네 사람들이 알까 부끄러워 한돌이를 쫓아냈었다. 용란이가 다시 돌아온 한돌이와 함께 도망칠 용기를 냈지만, 그렇게 큰 용기를 내서 멀리멀리 도망친다는 것이 겨우 뒷산이었다. 용란이가 조금만 더 넓은 세상을 알았더라면 자유분방함과 함께 사랑도 지킬 수 있지 않았을까.

100년 전, 삶의 반경을 넓힌다는 것은

  김약국의 삼대가 그리 좁은 곳에서 평생을 산 것이 그들의 잘못이라고 비난하는 것은 아니다. 당시의 통영 시내가 어차피 그 정도의 크기였고, 다른 도시로 이동하는 것은 절대 쉬운 일이 아니었다. 오늘날 통영에서 버스를 타서 4시간 10분이면 서울에 닿는다. 하지만 100여 년전, 통영에서 서울로 가는 길은 지금과 크게 달랐다. 먼저 통영에서 부산까지 배를 타고 가야 했다. 그리고 부산에서 경성으로 가는 기차를 타야만 했다.

  용빈이가 타고 다니던 것보다는 조금 늦은 시기이긴 하지만, 1943년의 경부선 시간표를 확인해봤다. 부산역에서 이른 아침 8시 10분에 기차에 오르면 12시 15분에 대구와 5시 26분에 대전을 거쳐 한밤중인 밤 11시에야 경성역에 닿는다. 통영에서 부산까지 배를 타는 시간을 제외하더라도 기차만 총 15시간가량을 타야 하는 대장정이다. 오늘날 15시간이면 비행기를 타고 미국도 가고, 유럽도 갈 수 있는 시간인데. 이렇게 생각하면 당시의 통영 사람들에게 경성은 지금 우리에게 미국이나 유럽 같은 거리감이 않았을까. '다른 지역으로 나간다는 것이 비행기를 타고 해외로 나가는 것 정도의 각오가 필요한 일이었을 수 있겠구나' 하고 이해가 되기도 한다. 그래서 학교 때문에 경성을 오가던 용빈이를 제외한 다른 등장인물은 도통 그 반경 2㎞의 세상 밖으로 나올 생각을 하지 않았던 것이겠지.

게다가 그 반경을 벗어나기 위
해서 각오해야 하는 것은 장시간
의 이동뿐만이 아니었다. 북쪽의
좁은 길목을 제외하면 삼면이 모
두 바다로 둘러싸인 통영 지리의
특성상 다른 도시로 이동하는 가
장 좋은 방법은 배를 타는 것이
었다. 우리 사회가 몇 해 전 겪
은 비극과 같이 해상교통은 사고
위험이 크다. 짧은 시간 안에 많

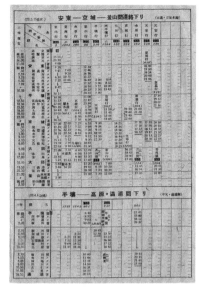

은 물자와 인력을 운송하기 위하여 적정 정원을 초과한 경우에는 더더
욱. 이런 불법적인 운항을 제재하는 것은 예나 지금이나 어려웠던 것
일까. 1930년대의 신문에는 용옥이가 겪은 것과 같은 사고 기사가 종
종 실렸다.

연안 항로에서 자주 일어나는 사고들은 주로 정원초과나 나쁜 기
상 조건 하에서 무리한 운항 등이 원인이었다. 특히 일시에 많은 사
람들이 몰려드는 장날 사고가 많이 났다. 1930년 통영에서 발생한
제일운항환 침몰 사고가 대표적이다. 1925년에 진수한 신조선이었
지만 사고는 피할 수 없었다. 1930년 3월 4일은 통영 장날이었다.
거제와 통영을 오고 가던 거제운수주식회사 소유의 31톤 발동기선
제일운항환은 오후 4시 통양 부두를 떠나 거제로 출발하려는 터였

다. 장을 보러 왔던 사람들은 이 배를 타야 거제로 돌아갈 수 있었고, 배가 떠나려 하자 표를 사지도 않고 앞 다투어 올랐다. 배가 잔교에서 멀어지는 순간 마지막으로 달려오던 두 사람이 배에 뛰어올랐다. 35명의 승객과 화물로 무게 중심이 위로 가 있던 배는 이 충격에 옆으로 기울었다. 쌓아 놓은 화물이 쏟아지면서 배에 물이 들어오면서 침몰하기 시작했다. 다행히 주변에 있던 배들이 달려들어 승객을 건져 내면서 대부분은 목숨을 건졌으나 끝내 두 사람은 선실에서 빠져 나오지 못한 채 시신으로 발견되었다.

-『동아일보』 1930. 3. 4 ; 1930. 3. 5

　장시간 이동의 피로와 사고의 위험은 모두 세상 밖으로 향하는 통영 사람들의 발목을 잡았을 것이다. 하지만 이런 기사에서 느껴지는 것은 단순히 '그래서 나가기 힘들었구나'라는 이해뿐만은 아니다. '그럼에도 다른 세상으로 오가며 거래를 하고, 사람을 만나고, 새로운 것을 찾아 떠나겠다'라는 의지도 느껴진다. 비록 많은 위험을 무릅써야 했지만, 분명히 변화의 활력은 이미 시작되고 있었다.

　책만 보아도 항구는 언제나 지게꾼과 장사치와 마중 나온 사람들이 서로 뒤엉키는 활기찬 공간이다. 뱃고동 소리가 먼저 부웅 하고 들려오면, 오래 지나지 않아 불을 밝힌 윤선의 선체가 섬을 돌아 나타났다. 어슴푸레한 가스등 아래에서 보는 윤선의 조명은 분명 찬란해 보였겠지. 요즘에는 배를 탈 일이 많지 않아 그 모습이 잘 상상이 되지는 않지만, 윤선은 증기 기관을 동력으로 움직이는 배를 뜻하는 말이란다. 더 이전의 배는 조류와 바람에 의존했던 전통적인 운항방식으로 움직였지만, 증기선의 등장 덕분에 목적지에 도착하는 시간을 예측할 수 있게 됐다.

배편 또한 정기적인 시간표에 의해 움직이면서, 사람들은 윤선을 물자 운반의 목적을 넘어 이동수단으로도 활용하기 시작했다고 한다. 1912년 조선우선주식회사가 설립된 후, 섬과 육지를 연결하는 배편이 본격적으로 증가했다. 1920년대에 들어서는 장거리 항로는 물론 단거리 왕복 항로들이 늘어났고, 1930년대 즈음에는 배를 타고 도시 간 이동을 하는 것이 점차 일상화되었다. 이러한 변화를 통영과 김약국의 식구들은 온몸으로 겪고 있었던 것이다.

당시 기록에 따르면 일반적으로 여객선의 3등실을 타면 철도보다 더 싼 가격으로 목적지까지 이동할 수 있었다고 한다. 비록 가진 것이 많지 않더라도 약간의 위험을 각오한다면 새로운 세상으로 떠날 가능성이 열린 셈이다. 이렇게 위험과 힘든 시간을 각오한 사람만이 더 넓은 세상을 볼 수 있었고, 다양한 사람을 만나고, 더 넓은 시야를 가질 수 있었다.

그리고 김약국네 식구 중에서는 용빈이만이 이걸 각오했다. 『김약국의 딸들』이라는 책 속의 수많은 등장인물 중 사실상 홀로 살아남은 것 또한 용빈이었다. 타고난 현명함도 하나의 생존 비결이었을 것이다. 용빈이는 경성 등의 대도시를 왕래하며 계속해서 다양한 사람을 만나고 새로운 삶의 모습을 보았다. 이렇게 넓힌 견문 덕분에 집안 전체에 휘몰아치는 비극 속에서도 자신을 놓치지 않았다. 그리고 또다시 자신의 세계를 개척하러 떠날 용기를 가지고 있었다.

물론 용빈이는 통영에 머무른다는 선택을 할 수도 있었을 것이다. 부자가 된 친언니가 있고 친척도 여럿 살고 있었으니까. 하지만 용빈이는 용혜의 손을 잡고 서울로 올라가는 배를 탄다. 교과서적인 해설에 따르면 배에서 통영을 돌아보는 용빈이의 감상에서 "희망의 불씨를 찾을 수 있다."고 설명한다.

이런 해설에 따라 "서울까지 다녀온 용빈이만 살아남고, 다시 더 넓은 지역으로 희망을 찾아 떠났잖아요? 그러니까 우리 모두 더 넓은 지역을 돌아보며 살아야 합니다!!"라고 땅땅땅 결론 내릴 수 있다면 얼마나 좋을까. 더 나아가서 "그러니까 여러분, 여기저기 돌아다니고 여행도 막 다니면서 우리 모두 희망차게 삽시다!"라고 신나게 제안할 수도 있다.

하지만 그럴 수 없음이 진심으로 안타깝다. 그렇게 성급하게 결론 내리기에는 세상이 그리 단순하지 않다. 더 넓은 세상을 돌아보며 새로운 것들을 다양하게 접했다고 해서 그 삶이 반드시 행복이나 성공에 가까워지지는 않는다. 어쩔 수 없는 시대적 한계가 존재하기 때문이다.

다양한 기회가 넘쳐나는 경성의 전 지역을 매일같이 돌아다니며, 날마다 새로운 사람을 만났지만 결국 김약국의 딸들만큼이나 비극적인 결말을 맞이한 사람이 있다. 그의 이름은 바로 김첨지다.

사소문 중 최고였던 동소문은 지금 어디에?

  일제 강점기 경성의 동소문 안에서 인력거꾼 노릇을 하던 김첨지는 오 랜만에 닥친 운수 좋은 날을 보낸다. 앞집에 사는 마나님을 전찻길에 모 셔다드린 것을 시작으로, 교원을 태우고 동광학교에 갔다가 때마침 고 향 집에 가려는 학생을 만나 남대문 정거장까지 태워주는 행운을 잡는 다. 거기서 다시 큰 짐을 든 손님을 태우고 인사동으로 향한다. 그렇게 온종일 빗속을 달려서 번 돈으로 동네 선술집에서 거하게 술까지 마신 다. 그리고는 아내에게 줄 설렁탕과 함께 집으로 돌아왔다가 비극을 마 주하는 것이 우리가 알고 있는 김첨지의 하루이다.

  오늘을 사는 우리에게 전찻길이나 남대문 정거장과 같은 1920년대 경성의 지명은 조금 낯설어 보인다. 하지만 김첨지의 발자국을 하나하 나 짚어보면 과거의 경성이 오늘날 서울의 모습과 겹쳐 보일 것이다.

  김첨지는 온종일 인력거를 몰고 집으로 돌아오던 길에 동네 술친구 치삼이를 마주쳤다. 치삼은 김첨지를 보자마자 김첨지가 '문 안'에 다녀 온 것 같다며 부러워한다. 그러더니 대뜸 돈을 많이 벌었으니 술을 사 달라고 조른다. 아니, 인력거 몰고 다니는데 하나 도움 준 것도 없으면 서 왜 자기한테 술을 사달라는 건지 어처구니가 없지만, 그 와중에 문 안에 다녀왔으니 돈을 많이 벌었을 거라고 하는 것도 이해가 안 된다.

  당시의 경성을 나누는 가장 큰 기준은 도성(都城)의 성곽 안이냐 밖이냐는 구분이었기 때문이다. 서울 도성을 구성하는 것이 뭐냐고 하면, 대부분 사대문만 떠올리겠지만 거기에는 사소문도 있다. 사대문은 서울을 중심으로 동서남북 네 개 방향으로 있었고, 각각의 사대문 사이에 사소문이 위치한다. 예를 들어서 북쪽에 있는 숙정문과 동쪽에 있는 동대문(흥인문) 사이에는 동북 방향의 혜화문이 있는 것이다.

『운수 좋은 날』의 김첨지는 동소문 바로 안쪽에 살고 있었다. 굳이 따지자면 도성 성곽의 안쪽이니 김첨지도 문 안에 살고 있기는 했다. 하지만 김첨지가 사는 곳은 동소문 바로 앞 변두리 지역이기 때문에 더 중심 지역에 다녀온 것을 특별히 문 안이라고 부른 듯하다.

김첨지가 살았던 바로 그 동소문의 이름이 혜화문이다. 혜화문은 이름만 '동쪽에 있는 작은 문'이었을 뿐, 실제로 그 역할까지는 작지 않았다. 가까이 있는 북쪽의 숙정문이 제대로 문의 기능을 하지 않았기 때문이다. 숙정문은 항상 닫혀 있었다. 사람들이 북문으로 통행하면 지맥이 상한다는 풍수지리에 따라 태종 때 문을 닫고 소나무를 심어서 통행을 막았다고 한다. '아니, 그럴 거면 왜 만들었담, 아예 없애버리지'라는 생각도 들지만, 그래도 심한 가뭄이 들면 아주 가끔 문을 열었다고 한다. 음양오행에 따르면 남대문(숭례문)은 화기를 끌어들이고, 숙정문은 음기가 있다고 믿었다. 그래서 가뭄이 심하면 기우제를 지내면서 남대문을 닫고 숙정문을 열었던 거다.

뭐, 숙정문을 항상 열어놨다고 한들 자주 드나들기는 어려웠을 거다. 왜냐하면 숙정문이 북악산 성북동 계곡 끝자락에 있기 때문이다. 당시에는 지금만큼 개발이 되지 않았었으니, 사실상 첩첩산중에 문이 있었던 셈이다. 그래도 최근 삼청공원에서 출발하는 도성 탐방로 트레킹 코스가 생겼다고 한다. 이참에 숙정문을 보러 한 번 가볼까 하고 위치를

숙정문으로 가는 서울성곽길은 북악산 능선을 따라 오르기 때문에
심박수도 따라 오른다.

찾다가 사람들이 남긴 후기를 보니, "계단 경사가 심했던 것만 기억난
다.", "생각보다 힘든 코스입니다."라길래 바로 마음을 접었다. 지금 가
기에도 힘든 곳이라면, 그런 곳에 제아무리 큰 문을 지어놓았더라도 사
람들은 절대 다니지 않았을 테지.

혹시라도 운동 삼아 숙정문을 보러 가겠다고 마음먹은 사람을 위해
꿀팁을 하나 남긴다. 계절별 입장 제한 시간을 잘 확인해야 한다. 아니
트레킹에 웬 시간 제한이냐 싶겠지만, 군사보호시설 내부에 있기 때문
이다. 1968년 북한 무장공비가 청와대 부근까지 습격한 사건이 있었
고, 숙정문은 이를 계기로 폐쇄되었다. 이후 경비를 위하여 약 40년간
통행이 금지되어 있다가 최근에야 금지가 해제되어 찾아갈 수 있게 된
것이다. 김첨지가 살고 있던 경성에서나, 지금의 서울에서나 숙정문을
찾아가기는 쉽지 않다.

이런 이유에서 동소문은 오래전부터 물류와 여객이 오가는 대문의 역

할을 할 수밖에 없었다. 동소문의 지위는 일제 강점기에도 이어졌다. 1911년에 노베르트 베버 신부가 찍은 사진을 보면 문 안팎으로 가득 들어찬 건물과 오고 가는 행인들에게서 동소문의 활기를 느낄 수 있다. (1900년대에 한국에서 선교 활동을 하던 독일의 성 베네딕도 수도회의 총 수도원장 노르베르트 베버 신부는 1911년에 한국을 처음 방문하여 이곳저곳의 기록과 사진을 남겼다. 그 내용으로 1915년 『고요한 아침의 나라』라는 책까지 발행했다.)

특히 동소문 안쪽을 찍은 사진 한가운데에는 검은색 인력거를 세워 놓고 뒤돌아선 인력거꾼과 흰색 장옷을 뒤집어쓰고 종종걸음으로 걸어가는 여성이 보인다. 두 사람의 모습에 시내로 들어가기 위해서 전찻길까지 태워다 달라고 한 앞집 마나님과 그걸 통해서 삼십 전을 벌었던 김첨지가 겹쳐진다.

혹시 지금의 동소문 모습을 잘 알고 있다면, 흑백 사진 속의 동소문이 낯설지도 모르겠다. 왜냐하면 오늘의 동소문은 사진 속 원래 동소문과 다른 위치에 복원되었기 때문이다. 본래 동소문은 현재 위치보다는 10m가량 떨어진 곳에 있었다고 한다. 초기 전차 노선의 종점은 혜화동이었는데, 1938년에 일제가 돈암지구 도시개발사업을 펼치면서 새로운 종점인 돈암동까지 전차 노선을 연장했다. 이 공사 중에 동소문을 철거했고, 사진 속에 있는 언덕을 7m 정도 깎아냈다. 오랜 시간이 지나 1992년에야 동소문을 복원하고자 했는데, 이미 깎아낸 언덕을 다시 쌓아 올릴 수는 없었나 보다. 그래서 원래 위치가 아닌 것을 알고 있지만 어쩔 수 없이 현재의 위치에 복원했단다. 동소문에 관련된 한 가지 더 황당한 사실을 알려주자면 동소문로에 동소문이 없다는 것이다. 처

동소문 성 밖 모습. 문에 기대어 지은 건물이 점방(店房).
오늘 말로 하면 편의점이다.

동소문 성 안의 풍경. 인력거와 장옷으로 얼굴을 가린 여성도 있다.

음에는 동소문의 이름을 따서 동소문로라는 도로명이 생겼지만, 정작 동소문이 있는 쪽은 나중에 창경궁로에 편입되었다. 그래서 지금의 동소문로는 한성대입구역부터 미아사거리까지다. 혹시 동소문을 보러 갈 계획이라면 주소를 검색할 때 조심하자.

전차한테 자신의 자리를 빼앗긴 것은 비단 동소문만이 아니었다. 인력거 역시 전차 때문에 그 역할이 줄어들고 있었다. 당시 경성의 전차는 이미 인력거를 뛰어넘는 대중교통 수단이었다. 첫 번째 전차 노선은

1898년에 개통하면서 용산에서부터 종로를 연결하였다. 그 이후부터 많은 노선이 추가되었다. 전차가 경성 시내를 질주하면서 사람들은 이전과는 다른 방식으로 공간을 대하게 되었을 것이다. 전차가 깔리기 전만 해도 청량리에 사는 사람이 서대문을 가려면 적어도 두세 시간을 잡고 가야 하는 꽤 먼 코스였다. 하지만 전차를 타고 가면 한 시간 내로 갈 수 있기 때문에 훨씬 더 일상적으로 방문할 수 있게 된다. 단순히 시간만 적게 걸리는 것이 아니라, 공간개념이 축소된 것이다. 그만큼 다른 사람을 만나서 소통할 기회도 많아진다. 교통수단의 발전이 공간의 규모를 다르게 만들고, 생활방식까지 바꾸는 것이다.

물론 가격이 그리 싸지 않았고, 전차를 타려는 수요에 비해서 전차의 운행 횟수나 규모는 작았기 때문에 항상 편하게 이용할 수는 없었을 것이다. 그렇지만 전차만큼 도성 안팎을 빠르게 오가는 장거리 이동수단은 없었다. 손님 입장에서는 어디든지 더 빨리 갈 수 있는 전차의 등장이 당연히 반가웠을 테다. 그래서 앞집 사는 마나님도 어차피 인력거를 탔으니 최종 목적지까지 쭉 타고 갈 법도 하지만, 딱 전차 정류장까지만 김첨지의 인력거를 타고 간다. 이러한 손님의 변화를 지켜보는 인력거꾼의 마음은 불편했을 것이다. 많은 손님을 전차에 빼앗기면서 수입이 줄었을 테니. 김첨지를 포함하여 인력거꾼이 전차를 바라보는 마음은 오늘날 무인자동차라는 기술을 바라보는 택시 기사의 무력감과 비슷하지 않았을까.

동광학교가 그렇게 명문이라며?

　김첨지가 두 번째로 태운 손님 역시 전차와 인력거를 모두 이용했다. 김첨지는 첫 번째 손님이었던 마나님을 전찻길까지 모셔다드리고 나서, 다른 곳으로 이동하지 않고 아예 정류장 근처에서 다음 손님을 기다린다. 덕분에 두 번째 손님은 전차를 타고 왔다가, 전차 정류장 근처에 있던 김첨지의 인력거를 바로 잡아타게 된 것이다. 이 손님을 오십 전에 동광학교까지 태워다 드리기로 한다. 목적지가 학교여서 그런지 김첨지는 양복을 차려입은 두 번째 손님을 교원이 아닐까 생각했다.

　그런데 이 두 번째 손님이 목적지를 동광학교라고 딱 집어서 말하는 게 조금 신기하다. 택시를 탈 때도 학교 이름만 말하면 모를 수 있으니 대체로 '무슨 동 어느 학교'로 가자고 하지 않나. 동광학교라고 딱 집어서 목적지를 말하는 걸 보면 제법 유명한 학교인가보다. 이 교원 손님을 태운 곳이 혜화동 로터리에 있는 전차 정류장인 거 같은데, 그 일대에 유명한 학교가 많았다. 지금이야 서울에서 좋은 학교를 꼽을 때 강남 8학군부터 얘기하지만, 일제 강점기의 강남은 논밭만 있는 변두리였을 뿐이다. 보성고등보통학교나 혜화공립보통학교처럼 좋다고 유명한 학교는 혜화동 일대에 모여 있었다. 동광학교의 정확한 주소를 따지자면 당시에는 숭일동, 오늘에는 명륜동에 속하지만 동광학교도 혜화동 일대 학교의 명성을 높이는 데 일조했다. 동광학교는 일제 강점기 초기에 불교 계열 교육기관으로 세워졌지만, 곧 보성고등보통학교에 합병되었다고 한다. 그래서 지금 그 학교의 흔적을 찾기는 어렵지만, 1922년 9월 1일에 발행된 『개벽』 제27호에 실린 여천생 선생님의 동광고등보통학교에 대한 글을 보면 얼마나 멋진 건물이었을지 느낄 수 있다.

> 『여긔 동광학교(東光學校)가 어대 잇습니까?』고, 농부(農夫)는 손을 들어 저긔 저 송림(松林) 속에 잇는 큰 기와집입니다고 친절(親切)하게 일러 줍니다. 나는 나무 그림자를 발부며 천천한 거름으로 송림(松林)속 큰 개와집을 차저 갓습니다. 굉장한 구식건물(舊式建物)인데 이전(以前)에 만인(萬人)이 숭배(崇拜)하든 북묘(北廟)이엇섯습니다. 나는 학교당국자(學校當局者)를 방문(訪問)하기도 전(前)에 위선(爲先) 땀을 좀 들이랴고 그집 뒤 언덕 송림(松林) 속 서늘한데 안저서 4면(面)을 살펴 보앗습니다. 참으로 공기(空氣)도 조커니와 운치도 매우 조흡니다. (중략) 더욱이 학교위치(學校位置)로는 적절(適切)하다는 감(感)이 잇습니다.

죄다 한자라 단어를 하나하나 이해하기는 쉽지 않지만, '소나무숲에 둘러싸인 큰 기와집이 멋진 자연 풍경이 보이는 곳에 있으니 아주 좋은 위치에 있는 학교'라고 격하게 칭찬한다는 정도는 느껴진다. 이 정도로 멋진 학교였으니 인력거를 타면서 이름만 척 말해도 김첨지가 어딘지 착 알아들었던 것이다. 비록 김첨지가 좋은 교육을 받지는 못했지만, 경성은 물론이고 전국에서도 제일 좋은 교육을 받는 사람을 마주할 기회는 많았던 셈이다.

재밌는 것은 시인 이상도 이 동광학교 출신이라는 점이다. 이상은

1921년 4월에 열두 살의 나이로 동광학교에 입학하였으나, 1924년에 동광학교가 보성고보에 병합된다. 『운수 좋은 날』이 발표된 시기가 1924년이니까 김첨지가 실존했다면, 동광학교에 데려다준 두 번째 손님은 이상의 선생님이고, 거기서 인력거를 탄 다음 손님은 이상의 친구였을지도 모른다.

이 학생 손님과는 흥정이 제법 길어진다. 요즘에야 흥정이라는 걸 할일이 거의 없다지만, 그래도 잊지 말아야 할 흥정의 기술이 있다면 내가 얼마나 절박한지를 보이지 말아야 한다는 것이다. 아무리 맘에 들어도 그다지 관심이 없다며 뒤돌아서는 척을 해야 가격이 내려간다. 그런데 김첨지는 "인력거!"하고 부르는 소리에 이미 이 학생이 얼마나 절박한지 파악해버린다. 기숙사에 사는 학생이 겨울 방학을 맞아서 오늘 고향에 가야 하는데, 비는 내리고 짐은 많아서 발만 동동 구르다가 마침 지나가는 인력거를 보고 마음이 급해서 뛰어온 것이다. 굳이 상황에 대한 짐작이 없더라도, 마음이 급해 구두도 제대로 신지 못한 상태로 우산도 없이 급하게 쫓아 나왔으니 이 학생이 흥정을 잘하기는 이미 글렀다.

이 손님은 다짜고짜 남대문 정거장을 가자고 하는데, 그 순간 김첨지의 눈앞에는 자신이 아프니 오늘만큼은 빨리 돌아오라고 애원하던 아내의 모습이 아른거린다. 그래서일까. 대뜸 '일 원 오십 전'을 달라고 말하고도 내심 스스로 그 금액에 놀란다. 도대체 일 원 오십 전이 얼마나 비싼 거지? 아니, 그 전에 남대문 정거장이 어디길래 학생이 저리 다급히 가자고 하는 걸까? 이름이 낯설어서 그렇지 사실 남대문 정거장은 모두가 알고 있는 곳, 바로 서울역이다.

서울역의 기원은 1900년에서 시작된다. 인천과 연결되는 경인 철도

의 남대문 역사로 처음 건설했었다. 당시 작은 목조건물이었던 남대문 정거장은 1925년에 르네상스풍 절충주의 건축물로 새 역사를 지으면서 그 이름도 경성역으로 바꾸었다. KTX까지 달리는 오늘날의 서울역은 당연히 새로 지은 역사를 사용하고 있지만, 1920년대에 쓰던 구 역사도 건재하게 자신의 역사를 자랑하고 있다. 서울역을 방문해본 사람이라면 거대한 기차역 앞을 굳건히 지키고 있는 갈색 건물을 보았을 것이다. 하지만 『운수 좋은 날』이 발간된 1924년에는 구 역사도 없었던 때다. 현재의 서울역보다 아주 조금 더 북쪽인 염천교 부근에 33㎡ 규모의 작은 목조건물만 있었을 뿐이다. 동광학교가 있었던 명륜동에서 출발해서 염천교까지 거리를 재보면, 직선거리로 따져도 4㎞이고 실제 이동 거리는 5㎞가 넘는다.

　　"그래, 남대문 정거장까지 얼마란 말이요?"

"일 원 오십 전만 줍시오."

"일 원 오십 전은 너무 과한데."

이런 말을 하며 학생은 고개를 갸웃하였다.

"아니올시다, 이수로 치면 여기서 거기가 시오 리가 넘는답니다. 또, 이런 진날에 좀 더 주셔야지요."

하고 빙글빙글 웃는 차부의 얼굴에는 숨길 수 없는 기쁨이 넘쳐 흘렀다.

이렇게 손님과 가격 흥정을 하던 김첨지가 남대문 정거장까지 시오리 (약 5.9㎞)가 넘는다고 한 것이 아주 허풍은 아닌 모양이다. 그 학생을 태우고 나선 김첨지는 마치 나는 듯이 달려간다. 집 근처를 지나갈 때는 잠시나마 마음이 무거워졌지만, 집으로부터 멀어지자 근심으로부터 멀어지듯이 신이 나게 달렸다. 그렇게 일 원 오십 전을 손에 쥐자 부자라도 된 듯 기뻐서 아들뻘인 학생이라도 손님을 깍듯하게 배웅한다. 이내 먼 길을 다시 달려 집으로 돌아갈 생각을 하니 몸보다 마음이 먼저 지쳤지만, 마침 손님이 끊이지 않는 날이니 이참에 다른 손님을 또 태우고 돌아가기로 마음먹는다.

모두가 동경하는 전차 승무원은
손님을 왜 그렇게 내쳤을까

다들 터미널 근처에서 택시를 잡아본 경험이 한 번쯤 있지 않을까 싶다. 마음이 급해서 눈앞에 보이는 아무 택시에 올라타면 "아, 앞에 택시들 쭉 줄 서 있는데 이렇게 중간에서 타면 어떡해요. 내가 새치기한 셈이라 나중에 욕먹는데…."라고 툴툴거리는 기사님을 만날 수 있다. 손님은 그런 기사님의 눈치를 보고, 기사님은 다른 택시 기사님의 눈치를 본다. 옛날에도 상황은 크게 다르지 않았나 보다.

김첨지는 비를 맞으며 빈 인력거를 끌고 돌아가기는 싫지만, 정거장 주변에 상주하는 인력거꾼이 텃세를 부리지 않을까 겁이 난다. 그래서 남대문 정거장 앞 전차 정류장에서 조금 떨어진 곳에 인력거를 세워두고 그 근처에서 호객 행위를 시작했다.

첫 번째 손님에게는 거칠게 거절을 당하지만, 그렇다고 물러설 김첨지가 아니지. 계속 기회를 엿보다가 전차에 타지 못한 사람을 발견하고 얼른 인력거를 타라고 꼬신다. 김첨지는 그 손님이 매우 큰 가방을 들고 있는 걸 보고 아마도 차장에게 쫓겨난 거 같다고 짐작했다. 근데 이거 너무 이상하다. 요즘에야 평일에 지하철에 자전거를 들고 타려고 하거나, 버스에 뚜껑 없는 컵을 들고 타면 제재를 당할 수도 있다지만, 아무리 그래도 가방이 크다고 쫓겨나다니. 어쨌든 혼자서 들고 다닐 수 있을 크기의 가방인가 본데, 그게 크다고 쫓아낼 만큼 차장의 권력이 절대적이라는 건가. 도대체 경성의 전차 차장은 어떤 사람들이기에 이렇게 야박한 것인지 화가 치민다.

경성에 맨 처음 전차를 들여오게 된 사람은 미국인 콜브란이었다. 하지만 전차 궤도 부설에 관여한 설계자와 기술자는 모두 일본인이었고, 운전사도 전부 일본의 경도전철에서 일했던 일본인이었다. 1899년 5월 17일 전차 개통 당시 차량 대수가 일반 전차 8대에 황제 전용차 1대였기 때문에 일본인 운전수 10명이 파견되었다고 한다. 하지만 개통 일주일 만에 탑골공원 부근에서 전차에 어린이가 치이는 끔찍한 사고가 있었다. 가뜩이나 일본의 침략 야욕에 대해서 반일감정이 고조되고 있던 터라, 일본인이 사고를 냈다는 생각에 사람들은 매우 분노했다. 일본인 운전수는 폭행 위협을 당하자 모두 겁에 질려 일본으로 돌아가 버린다. 결국 3개월 정도의 시일이 흐른 후에야 도착한 미국인 운전사들로 대체되었고, 1899년 9월부터 1904~5년까지 전차는 미국인 운전사에 의해서 운행되었다.

이렇게 초창기의 전차는 미국인이 운영했기 때문에 한국인 승무원도 영어를 할 줄 아는 사람이 먼저 채용되었다. 당연한 얘기지만 당시에 영어를 할 줄 아는 사람들은 대체로 부유하거나 지위가 높은 집안 출신이었겠지. 그렇다 보니 유독 우월의식이 강했을 것이다. 이런 우월의식은 신분 자체가 높기 때문이기도 했지만, 모두 새로운 문물인 전차를 놀라운 눈으로 바라보는 시선에서 오는 상대적 우월감도 있었을 거다.

특히나 많은 젊은이는 단순히 전차 승무원을 동경의 눈빛으로 보는 것을 넘어 본인이 승무원이 되고자 노력했다. 전차 사업이 안정화된 1920년대 이후에는 회사 내부에 승무원 모집 공고를 게시했다. 공개모집도 아닌 데다가, 기껏해야 일주일이나 열흘 동안 붙어있던 게시물을 본 직원의 지인이나 친척이 알음알음으로 지원했던 것인데도, 매번 응시자는 넘쳐났다. 1924년 6월에는 단 27명을 뽑는 자리에 거의 1,000명에 가까운 사람이 지원했다. 당시의 젊은이가 새로운 문물에 대한 경외감을 가지고 선망하던 직업이라는 것을 알 수 있다. 대부분은 학력, 나이, 체력조건에 대한 제한이 있었기 때문에 전차 승무원은 한동안 젊은이의 전유물이었다. 하지만 지원자가 많았던 만큼 시험에 합격하는 것은 매우 어려운 일이었다.

> 차장의 수험은 이번으로 세 번째, 앞의 2회도 산술로 떨어졌다. 그러므로 이번 일 년 반 동안 과자가게의 점원으로 일하면서 천천히 공부하였다. 산술의 자습서를 풀면서 스스로 노력했다. 시험장에서 문제를 봤을 때는 낙관과 불안이 머릿속에서 교차되었다. 수년 동안 희망했던 차장으로 합격한 것을 생각하면 기쁘고 또 막중한 책임을 지게 된다는 생각이 든다.
> - "제 37기 승무원 채용현황", 『경전휘보』 5권 4호, 경성전기주식회사, 26쪽

이렇게 힘들게 전차 승무원이 되면 돈은 많이 벌지 않았을까 싶은데, 사실 그건 아니었나 보다. 전차 승무원이 초급으로 하루에 평균 1원 50전 정도를 벌었다고 한다. 기계기구업처럼 숙련이 필요한 공장노동자가 평균적으로 1원 13전 정도를 받았다고 하니, 인기만 많지 뭐 그리 엄청나게 고소득 직종은 아니었다. 김첨지만 해도 동광학교에서 남대문 정거장까지 학생 손님을 태워 드리고 한 번에 1원 50전을 벌지 않았던가. 그런데 이렇게 생각하면 그 학생은 얼마나 부자인 거지? 직장인이 하루 동안 벌어야 하는 돈을 한 번의 인력거비로 쓸 수 있다니. 빈부

격차란 오늘만의 이야기가 아니구나.

아무튼 원래 전차 승무원이 규정대로 임금을 받는다고 해도 그리 고소득은 아닌데, 그 와중에 지각 여부 등에 따라 공제되는 돈도 많았나 보다. 1920년대에는 이미 전차가 낡았었는데 혹시라도 노후로 인한 사고가 나더라도, 운전사나 차장이 이에 대해 벌금을 물거나 인격적 모욕까지 당해야 했다고 한다. 그 당시 3년 차 승무원이 남긴 글을 보면 나의 텅장이 겹쳐지면서 눈물이 앞을 가린다.

> 매삭 수입되는 돈은 대개 삼십 원 내지 삼십오 원가량이니 그 돈을 가지고 집세 내고 쌀 팔고 나무사고 월수 내고 신원보증금까지 내고 나면 늙은 어머니의 찬밥 점심거리나 어린 아들의 월사금 연필값 등은 다시 빚을 얻어야 담당이 되는 참경에 있는 것이올시다.
>
> –『조선일보』 1925.01.31.

그렇게 힘들게 공부해서 전차 승무원이 되었는데 정작 돈도 많이 못 벌었다니, 승객에게 심술궂게 구는 것도 어느 정도 이해가 된다. 겨우 살림을 이어갈 정도로 빠듯한 수입인데, 괜한 사고가 생겨서 자기가 책임을 지게 되면 곤란했을 테니 말이다. 수십 명이나 되는 손님이 타고 내리는데 전차에 어지간히 큰 가방을 들고 탄다면, 행여나 다른 손님이 다치기라도 할까 얼른 내려보낼 법하다.

이런 전차 승무원의 빠듯한 지갑 사정 덕분에 김첨지는 또 다른 손님을 인사동까지 태워 드리게 된 셈이다. 지금이야 인사동이라고 하면 한적하게 전통문화를 즐기러 가는 곳이라고 생각하지만, 1920년대 경성의 인사동은 오늘과 느낌이 많이 달랐던 듯하다.

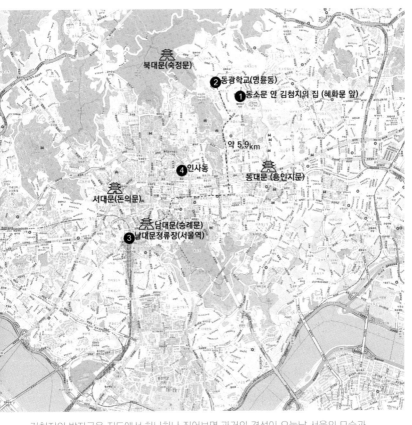

북대문(숙정문)

❷ 동광학교(명륜동)

❶ 동소문 안 김첨지의 집 (혜화문 앞)

약 5.9km

❹ 인사동

동대문 (흥인지문)

서대문(돈의문)

남대문(숭례문)
❸ 남대문정류장(서울역)

김첨지의 발자국을 지도에서 하나하나 짚어보면 과거의 경성이 오늘날 서울의 모습과
겹쳐 보인다.

100년 전 한양의 핫플레이스, 인사동

 인사동은 당시 경성의 물리적인 중심이었다. 고종은 건양 원년(1896)에 태화관이 있던 자리에 이곳이 한양(서울)의 중심지라는 것을 보여주는 중심점 표지돌을 세웠고, 그것이 전국 지번의 기준이 되었다. 하지만 어지간히 인사동을 자주 방문하는 사람이라도 이 사실을 몰랐을 거다. 왜냐하면 지금은 이 표지돌이 어이없게도 건물 내부에 있기 때문이다. 이 표지돌은 하나로빌딩 1층 안에 있다. 거기에는 "이곳이 인사동 194번지로 예전에는 '순화궁'터였는데 그 후 삼일 만세 운동의 현장인 태화관이었고, 현재는 하나로 빌딩으로 변천된 유서 깊은 장소이다. 고려 왕조에 이어 조선조를 창시한 태조 이성계는 고려 왕조의 별궁으로 이용되었던 서울(한양)을 도읍지로 삼고 1395년 서울로 천도하면서 서울 도읍의 중앙지점을 이곳으로 잡아 이곳에 지표석을 세웠던 것이다. 그 후 대한제국 때 건국의 번지(지명) 중심지점으로 하여 건양 원년(1896)에 이곳이 서울의 한복판이라는 것을 널리 알리기 위해 이 표지석을 세웠다."라고 쓰여 있다. 지금 서울의 지도를 펼쳐서 지리적 중심지를 찾아보면 남산 어귀가 될 것이다. 한국이 독립한 이후 강남 지역을 개발해서 서울로 포함했기 때문이다. 확장이 거듭되어 거대한 서울의 오늘을 사는 우리는 상상하기 어렵지만, 김첨지가 누비던 경성의 중심은 인사동이었다.

그 시절의 인사동은 지리적 중심지일 뿐 아니라 유행을 선도하는 문화의 중심지이기도 했다. 1920년에 우리나라 최초의 상설영화관인 우미관이 인사동에 지어졌다. 언제나 2,000명이 넘는 관람객이 몰려들어서 당시에는 "우미관 구경 안 하고 서울 다녀왔다는 말은 거짓말."이라는 말이 있을 정도였다. 또한 일제 강점기에 고급 영화관으로 유명했던 조선극장도 인사동 한복판에 있었다. 무려 14만 원의 건축비를 들여서 현대식으로 지어졌고, 3층 건물에 불과하지만 승강기까지 설치된 대규모 극장이었다고 한다. "애걔, 현대식 고급 극장이라면서 고작 3층에 14만원?"이라고 코웃음이 나오려나. 하지만 당시 100원이 현재 시가로 천만 원 정도였다고 한다. 이 계산법이 조금 부풀려졌다는 평가에 따르더라도, 조선극장을 짓는데 현재 가치로 백억 원 이상이 든 셈이다. 이쯤 되면 극장 하나에 백억이라며 입이 쩍 벌어지겠지. 조선극장이 얼마나 화려한 문화를 상징했는지는 개관식 날의 신문을 봐도 알 수 있다. 1922년 11월 7일에 열린 조선극장 개관식을 위하여 인사동 어귀부터 만국기와 오색기가 걸렸고, 칠백여 명의 내빈이 초대되었다. 오늘날 영화제에 참석한 연예인이 레드카펫 위로 나타나면 조명이 팡팡 터지는 장면이 겹쳐진다.

이번에 새로 건축한 부내 인사동 조선극장은 예정한 바와 같이 어제 육일 오후 한 시부터 동 극장에서 개관식을 거행하였는바 인사동 들어가는 어구로부터 극장까지는 만국기와 오색기며 전등으로 찬란하게 장식하였고 극장 안에는 칠백여 명의 내빈이 상하층에 가득하였더라. 관주 황원균씨의 개관식사와 여러 변사와 극가의 예술과 극장에 대한 말이 있었고 그 후에는 경성 오 권번 기생의 가무와 및 서양 춤이며 현재 일류명창 이동백(李東伯)의 독창과 현대극계의 권위인 만파회(萬波會)의 신극 출연이 있었고 계속하여 활동사진을 영사하여 내빈의 이목을 즐겁게 하고 동 오후 네 시에 폐회하였는데 내빈에게는 기념품까지 주었는바 극장에 장관스러운 설비와 찬란한 장치는 조선에 처음이라 하겠더라.

– 『매일신보』 1922.11.07.

아내는 왜 설렁탕을 먹고 싶었나?

　물론 김첨지의 현실은 이런 화려함과는 거리가 멀다. 오랜 시간 앓고 있는 아내에게 설렁탕 한 그릇 사주지 못하는 곤궁함이 그의 현실이다. 대부분 김첨지가 어디 어디를 돌아다녔는지는 기억하지 못하지만, "설렁탕을 사다 놓았는데 왜 먹지를 못하니, 왜 먹지를 못하니. 괴상하게도 오늘은 운수가 좋더니만."이라는 마지막 문장은 또렷하게 기억한다. 이건 빠르게 변화하는 경성의 모습과 대비되는 아이러니함 때문이기도 하지만, 설렁탕이라는 메뉴가 선명한 이미지를 남기기 때문이기도 하다. 그 와중에 엉뚱한 생각도 든다. 그 많은 메뉴 중에서 왜 하필 설렁탕이지? 그 동네에 설렁탕 맛집이 있었나?

　설렁탕이란 무엇인가. 사전적 정의에 따르면 설렁탕이란 소의 머리, 내장, 뼈다귀, 발, 도가니 따위를 푹 삶아서 만든 국이다. 요즘에도 치킨님, 돼지고기님에 비하면 소고기님은 훨씬 비싸다. 오죽하면 순수한 마음으로 돼지고기는 사줄 수 있으나 대가 없는 소고기는 없으니, 소고기 사주는 사람은 경계하라는 농담까지 있겠는가.

　소고기가 귀한 것은 이미 조선시대 이전부터였다. 소 자체가 그리 귀한 것은 아니었지만, 소고기를 도축할 수 있는 사람이 국가적으로 정해져 있었기 때문이다. 소는 농사와 물자의 운반에 필요한 주된 노동력이기 때문에 삼국시대부터 소고기를 먹는 것을 금기시했다고 한다. 그래서 조선시대에는 소고기 도축을 금지하는 우금정책을 펼쳤다. 법적으로 허가를 받지 않은 사람은 함부로 소고기를 잡을 수 없었다. 예외적으로 사고로 죽은 소만은 식용으로 쓸 수 있었고, 그래서 관아에는 "우리 집 소가 다리가 부러졌는데 도축해도 될까요?"라는 상소가 자주 올라왔다고 한다. 물론, 진짜 다리가 부러진 것인지 아니면 거짓말을 하는 것인지는 그들의 양심과 식욕에 따라 달라졌겠지만.

이렇게 귀한 소고기를 합법적으로 먹을 수 있는 사람이 있었으니, 바로 왕족과 성균관 유생이다. 성균관이라는 단어에 드라마부터 떠올랐다면, 원래 조선시대의 국립 교육기관으로 그 명성이 높았다는 것을 되짚어주고 싶다. 설립 초기에는 개경에 있었지만, 조선 건국 직후 한양으로 이전하면서 현재의 종로구 명륜3가동으로 터를 잡았다. 조선 최고의 교육기관이었던 만큼 소수의 수재만이 그곳에 속할 수 있었고, 그들만을 위한 특별한 혜택이 많았다. 일단 소고기를 마음 편히 먹을 수 있었을 테니, 그것만 생각해도 성균관에 입학 원서를 넣고 싶어진다. 그뿐만 아니라 직업적으로 유생을 돕기 위한 사람이 있었다니, 요즘에는 이런 학교 어디 없나요?

반인이라고 불리는 성균관의 업무만을 위한 노비가 따로 있었고, 성균관 근처에 반인이 모여 살던 동네는 반촌이라고 불렸다. 반인의 특별한 임무 중 하나는 성균관의 제사와 유생의 식사를 위하여 소고기를 준비하는 것이었다. 이런 이유에서 반인은 조선 정부로부터 공인받은 소 도살권이 있었다. 그리고 성균관에서 소비하는 소고기 외에 남는 부분과 부속물을 판매할 수 있다는 엄청난 권한이 부여되었다. 다시 말하지만, 당시의 조선은 우금정책을 펴고 있었기 때문에 이런 소 도살 권한과 부속물 판매권은 굉장한 특혜다. 사실상 반촌의 반인들은 조선시대 한양의 소고기 판매를 독점할 수 있었던 셈이다. 소고기 판매 점포를 한양 곳곳에 설치하고 운영하면서 반인의 경제적 지위가 상승하였다. 1917년 경성부가 서울 각지에 흩어져 있던 도축장을 현저동 도축장 하나로 통합해서 관영 도살장을 개설할 때에 이르러서야 도살권을 가진 지역이 이동했다. 하지만 길고 긴 조선시대 동안 성균관 인근 동네는 소고기 유통의 중심지였고, 책의 배경이 되는 1920년대까지만 해도 유서 깊은 설렁탕집은 여전히 그 동네에 남아 있었을 것이다.

성균관의 제사와 유생들이 좋은 살코기를 먹고 남는 부위로 끓인 설렁탕. 바로 그 설렁탕의 중심지가 김첨지의 집에서 멀지 않았다. 김첨지네는 끼니를 잇기가 어려워 조금이라도 돈을 번 날에야 겨우 조밥을 지어 먹을 수 있는 형편이었다. 가난한 김첨지의 아내는 날마다 주린 배를 부여잡으며 지척에서 풍겨오는 소고기 기름 냄새를 애써 모른척했을 것이다. 그 와중에 몸까지 아파오니, 그제야 참고 참았던 설렁탕 얘기를 겨우 꺼냈던 것 아닐까. 당장 한 끼만 늦어져도 스쳐 가는 고깃국물 냄새에 뱃속이 요동치는데, 가난한 김첨지의 아내가 설렁탕을 얼마나 애타게 먹고 싶을지를 생각하면 속이 아린다.

삶의 반경은 삶의 방향을 변화시킬 수 있을까

김첨지가 누볐던 경성은 아직 조선시대 한양의 흔적을 가지고 있었다. 많은 사람이 여전히 한양도성을 기준으로 도시를 인식하고 있었다. 하지만 새롭게 나타나는 변화가 놀라운 시기이기도 했다. 사방으로 달리는 전차를 보며 젊은이는 전차 승무원 같은 전문기술가를 꿈꾸기 시작했고, 현대적인 학교와 극장이 들어서고 있었다. 김첨지가 달리는 길에는 쪽 찐 머리를 올린 마나님도 계셨지만, 커피 한 잔을 즐기러 카페를 찾아가는 모던보이도 있었다. 김첨지의 삶은 곤궁했으나, 경성 한복판에서 다양한 계층과 직업의 사람들을 만나며 하루하루 다르게 근대화되는 변화의 속도를 온몸으로 느꼈을 것이다.

어쩌면 김첨지는 김약국의 둘째 딸 용빈이와도 한 번쯤 스쳐 지나갔을지도 모르겠다. 혜화동은 인력거꾼 김첨지가 자주 드나드는 길목이었다. 그 당시 용빈이는 혜화동 275번지에 살았으니 김첨지와 충분히 동선이 겹친다.

하숙하고 계신가요?

예, 기숙사에 있다가 피곤해서요.

어디죠?

혜화동이에요.

주소는?

강극은 가로등 밑에 멈춰서며 수첩과 만년필을 꺼냈다. 용빈은 다소 난처함을 느꼈다.

혹 편지 연락이라도 하게 되면 이군의 소식도 아서야잖습니까?

강극은 용빈의 망설임을 보고 말을 덧붙였다.

이백칠십오 번지예요.

수첩에다 주소를 적어넣고 나서 강극은 태윤의 어깨를 탁 쳤다.

그럼 잘 다녀오게. 나는 저리로 가겠네. 김선생, 훗날에 또 뵙죠.

강극은 그야말로 바람처럼 길 모퉁이를 돌아갔다.

가족들과 달리, 나고 자란 고장인 통영에만 머무르지 않고 수도인 경성까지 삶의 활동 반경을 넓혀낸 용빈이. 경성 한복판을 매일같이 누비는 일상을 살았던 김첨지. 그들이 실제로 만났더라면 어떤 대화를 나눌 수 있었을까. 김첨지는 머나먼 남쪽 지방 통영에서 온 용빈이에게 "아가씨는 예가 뭐 그리 좋다고 가족도 다 버리고 왔느냐."라고 말했을까?

김첨지의 하루와 김약국 일가의 평생을 지도에 찍어서 비교해보면 놀라운 사실을 깨닫게 된다. 김첨지가 비가 내리는데 고향에 가기 위해 남대문 정거장으로 가야 했던 동광학교 학생 손님을 태우고 이동한 거리는 시오리 즉, 5.9㎞ 정도였다. 그리고 김약국네 가족은 평생 동안 5㎞ 남짓한 거리만 오고가며 살았다. 김첨지가 단숨에 내달린 거리에서 김약국의 삼대가 평생을 산 셈이다. 어떤 이에겐 세상의 전부였던 삶의 공간이지만, 동시대의 누군가가 하루에 살아낸 거리보다도 좁을 수 있다. 혹자는 말할지도 모른다. 그 시절에는 이것이 일반적인 삶이 아니었냐고, 태어나고 자란 곳에서 평생을 사는 것이 당연했던 시절이었다고. 물론 맞는 말이다. 하지만 평생의 삶이 극도로 한정된 공간 안에서만 이루어지는 것은 또 다른 문제이다.

1920년대 통영에 살고 있던 사람이 상상하고 그려볼 수 있는 삶의 모습은 상당히 제한적이었을 것이다. 오늘날에도 많은 이들이 획일화된 삶의 패턴을 깨기 어려워하는데, 100여 년 전은 말해 무엇하랴. 내 이전 세대의 삶과 나의 삶, 그리고 내 다음 세대의 삶이 같은 모습이라고 생각하는 사람끼리만 모여 산다면, 무의식적으로 동질감에 대한 압박을 받을 수 있다. 이는 타인과 조금만 달라도 공격받기 쉽고, 새로운 것이 다른 것, 위험한 것, 가능한 피해야 하는 것으로 치부되기 쉽다는 이야기이다.

만약 김약국의 딸들이 조금만 더 넓은 세상에 살았더라면 그들의 삶은 분명 달라졌을 것이다. 일단 상대방의 집에 숟가락이 몇 개인지 알 정도로 서로의 사정을 뻔히 잘 아는 소수의 이웃 안에서만 배우자를 찾지 않아도 된다. 만날 수 있는 사람의 선택 범위가 넓어지면 그만큼 나에게 적합한 상대를 고를 수 있는 확률이 높아진다. 무엇보다 근친상간이나 이웃들끼리 얽히고 설킨 치정의 가능성도 좀 더 낮아졌을 거라 믿어본다. 비단 결혼 상대의 영역뿐 아니라, 일에서도 김약국이 더 좋은 사업 동료를 만날 수 있었을지 모른다. 넓은 도시에는 일을 믿고 맡길만한 사람이 기두 뿐 아니라 충분히 많이 있었을 테니.

그뿐이랴. 나주까지 큰마음 먹고 가지 않더라도 자연스럽게 큰 병원과의 접근성이 높아지니, 김약국이 병을 좀 더 빨리 발견하고 치료하여 더 오래 살았을지도 모르겠다. 일부러 멀리 떠나지 않았더라도 용빈이와 용혜가 그곳에서 고등교육을 받을 수 있었을 것이고, 다른 자매들 역시 배움의 기회와 문화에 좀 더 노출되어 삶의 시야가 넓어지지 않았을까.

그러나 더 넓은 세상을 경험해보는 것이 좋으니 무작정 떠나라고 등을 떠밀 수는 없다. 삶의 반경을 넓히겠다는 개인의 선택이 중요하기는 하지만, 무조건 더 좋은 결과가 따라온다는 보장이 없기 때문이다. '내가 지금 사는 시대가 어떤 사회인가'에 따라서도 개인의 삶이 너무 크게 달라질 수 있다. 스스로 아무리 최선의 선택을 했더라도, 사회적 한계에 부딪히기도 한다.

김첨지는 하루에도 경성 전체를 훑을 만큼 세상을 넓게 누볐지만, 식민지 시대 하층민이 가진 가난과 불운을 피할 수는 없었다. 명목상의 신분제는 없어졌지만, 실질적인 신분 상승은 어려운 시대였고(오늘날의 대한민국 역시 마찬가지라는 팩트 폭격에 눈물이 앞을 가린다.), 매일같이 몸이 부서지라 일해도 하루 벌어 하루 먹고살기 바쁜 삶이었다. 아픈 아내를 병원 한 번 제대로 데려가 보지도 못하고 하늘나라로 보냈으니 그 비극을 말해 무엇하랴.

김약국 일가의 몰락 역시 전통적인 경제적 가치들이 신흥자본의 부상으로 대체되는 경제구조의 격변에 따라 자연스럽게 이루어진 부분이 크다. 전통적 부의 가치를 지니고 있던 김약국이 시대의 변화를 제대로 읽지 못하여, 신흥 자본의 흐름에 빠르게 편승한 정국주에게 쏠랑쏠랑 그 많은 재산을 넘겨주고 말았다.

넓게 살았든 좁게 살았든 김첨지와 김약국 모두 비극적인 운명을 맞이했다. 지리적 한계보다는 시대적 한계가 개인의 운명과 삶에 더 큰 영향을 미친 셈이다. 이들의 경우만 보아도, 더 멀리 다니고 더 많이 보며 물리적인 삶의 반경을 넓히는 일이 반드시 더 풍족하고 안정된 삶을 보장한다고 말하기는 어렵다. 기회를 잡을 수 있느냐 없느냐는 개인의 능력에 더불어 사회적 상황의 영향을 받는다. 기회를 알아볼 안목은 물론,

기회에 직접 손을 뻗을 용기와 현실적 조건들이 모두 필요한 것이다.

하지만 한 가지 확실한 사실은 더 많은 기회는 '삶의 반경을 넓혀야' 만날 수 있다는 것이다. 여기서 삶의 반경이란 몇 ㎞라는 측정 거리만으로 단순비교할 수는 없다. 다른 것을 만날 기회가 밀집된 지역이 아니라면 좀 더 먼 곳까지 새로운 것을 찾아 나서야 하니까. 게다가 삶의 반경은 육체적으로 직접 가볼 수 있는 물리적 공간은 물론이고, 오늘날에는 가상의 공간까지도 동시에 포함하는 확장된 개념이다. 물리적 확장성이 만들어내는 넓은 견문과 인간관계 그리고 교통, 통신, 병원, 학교, 기타 기반시설 등의 각종 인프라가 삶 전반의 기회와 가능성을 높여준다는 것은 분명한 사실이다. 넓은 견문과 인간관계의 확장은 오늘날 온라인이라는 무형의 형태로도 나타나 우리의 삶에 영향을 주고 있다.

삶의 반경에 따른 장단점은 각각 다르게 나타난다. 어떤 것이 더 좋다 나쁘다 쉽게 가치판단을 할 수 없다. 삶의 반경이 좁은 사람들은 세상이 갑자기 변화했을 때 그것에 적응하기는 힘들겠지만, 그렇지 않은 경우라면 자신의 가치관 내에서 비교적 안정적으로 살아갈 가능성이 높다. 삶의 반경이 넓은 사람들은 너무 많은 옵션에 혼란스럽거나 상대적 박탈감을 느낄 수도 있겠지만, 시대의 흐름에 기민하게 반응하며 다양한 삶의 선택지를 갖게 될 것이다.

그렇다면 결국 이러한 장단점을 제대로 이해하고, 내 삶의 반경을 주체적으로 선택할 수 있다는 자유의지가 가장 중요할 것 같다. 용빈이처럼 자신이 원하는 방향이 무엇인지를 스스로 인지하고, 그에 따라 내 삶의 반경을 정하는 것. 그것이 가장 이상적인 삶의 모습이 아닐까.

배는 서서히 부두에서 밀려 나갔다. 배 허리에서 하얀 물이 쏟아

졌다.

　부우웅-

　윤선은 출항을 고한다. 멀어져 가는 얼굴들, 개스등, 고함소리, 통
영 항구에 장막은 천천히 내려진다. 갑판 난간에 달맞이꽃처럼 하
얀 용혜의 얼굴이 있고, 물기 찬 공기속에 용빈의 소리없는 통곡
이 있었다.

　봄은 멀지 않았는데, 바람은 살을 에일 듯 차다.

　『김약국의 딸들』의 마지막 장면에서 용빈은 용혜를 데리고 통영을 떠
난다. 다시 돌아오기로 한 2년 뒤의 그들의 모습은 어떻게 변화되어 있
을까? 그들의 미래가 매 순간 장밋빛일 것이라고 확신하진 못하겠다. 5
㎞에 갇힌 삶으로 돌아가는 것보다 위험한 순간이나 후회하는 순간도
많을지 모른다. 그러나 그들이 직접 선택한 것이기에, 그 순간까지도 유
연하게 받아들이며 더 자유롭고 당당하게 살아갔으리라.

제2장

두려움의 일상화,
공포의 지형도

『소년이 온다』
『차남들의 세계사』

광화문 광장에서 1980년의 광주를 떠올리다

2016년 겨울, 많은 사람이 촛불을 들고 나섰다. 친구와 광화문 광장 구석에서 만나기로 했는데, 어디에나 넘쳐나는 사람 때문에 한참을 헤맨 후에야 겨우 찾을 수 있었다. 만나자마자 친구가 하소연을 시작했다.

"아니, 나오려는데 엄마가 가지 말라고 말리잖아. 괜찮다고 설득하고 나오느라 늦었어."

"왜 말리시는 거야?"

"혹시 사고라도 당하면 어떻게 하느냐고 걱정하시더라고."

"아하하, 경찰이 우리를 공격하기라도 한대?"

그 순간, 후회했다. 우리나라에는 정부가 국민을 공격했던 역사가 있으니까. 이 많은 사람과 뜻을 함께한다는 생각에 힘이 솟았었다. 하지만 우리를 향해 총알이 날아온다면, 인파에 가로막혀 제대로 도망조차 치지 못할 것이다. 생각이 여기까지 이르자 뱃속이 차갑게 식었다. 그제야 영화에서 봤던 일이 실제로 벌어질 수 있다는 두려움이 몰려왔다.

지금은 그때와 정치적 상황이 다르니까 그런 일은 벌어지지 않을 거라고 안심시켜주고 싶었지만, 그러지 못했다. 그때 '무엇 때문에 어떠한 일이 있었는지'를 모르기 때문이다. 분명히 학교에서 배우기는 했지만, 시험이 끝나는 순간 3초 만에 두뇌를 리셋했기 때문에 자세한 내용은 기억나지 않는다. 게다가 광주 민주화 항쟁을 다룬 영화나 책도 두세 편이상 봤는데도, 역사적 배경이나 전개 과정 같은 건 전혀 모르겠다. 트럭 위에서 주인공이 울면서 "광주 시민 여러분, 우리를 잊지 말아 주세요!"라고 외치는 장면만 생각날 뿐이다. 이런 상황이다 보니 오늘의 우리 괜찮을 거라는 위로나 안심은커녕, 우리 역사를 모른다는 부끄러움과 진짜 그런 일이 또 일어날 수 있느냐는 두려움만 남았다.

　한때는 누가 알까 쉬쉬하며 감춰져 왔던 사건이지만, 이제는 시간이 흘러 80년대 민주화 운동을 소재로 한 콘텐츠가 많이 나오고 있다. 5.18 민주화 운동을 배경으로 한 〈화려한 휴가〉, 1981년 부림사건을 다룬 〈변호인〉, 박종철 고문 치사사건을 주제로 한 〈1987〉 등의 다양한 영화가 개봉하고 흥행했다. 그 시대를 배경으로 한 소설도 꾸준히 발표되고 있는데, 그중 작가 한강의 『소년이 온다』는 특유의 섬세한 시각과 문학적인 묘사로 출간부터 호평을 받았다. 한강 작가는 실제로 광주 출신이다. 5.18 민주화 운동 당시, 서울에 살고 있었기 때문에 약 2년 후에야 고향에서 일어난 엄청난 사건을 알게 되었다. 그 후부터 알 수 없는 부채 의식에 오랫동안 시달렸고, 작가가 되고 나서 그 부채감을 소설로 만든다. 이 책을 확실한 인기도서로 만든 두 가지 사건이 있다. 첫째는 작가가 『채식주의자』라는 소설로 맨부커상을 받으며 그 전작들이 다시 재조명된 것이다. 그리고 작가가 『소년이 온다』를 썼다는 이유로 문화계 감시 대상 명단에 포함되었다는 사실이 알려진 것이 두 번째다. 시간이 이렇게 흘렀지만 5.18 민주화 운동은 여전히 민감한 주제다.

　『소년이 온다』는 1980년 5월, 광주 민주화 운동에 휩쓸리게 된 소년 동호의 이야기로 시작하여, 동호와 관련 있는 인물 여섯 명이 이 사건을 겪은 후 어떻게 살아가는지를 하나하나 다룬다. 에필로그를 제외하면 총 6장으로 구성되어 있다.

첫 번째 장은 이 책의 중심인물인 동호의 시각으로 진술된다. 동호는 형 둘, 엄마, 아빠와 함께 살고 있던 중학교 3학년 학생이다. 1980년 5월 21일, 금남로에서 시위에 참여했다가 집단발포라는 사건을 목격한다. 1장에서는 그날로부터, 시민자치 기간 동안 상무관에서 죽은 시민의 시체 수습을 돕던 날들을 거쳐, 다시 계엄군이 쳐들어와 도청을 빼앗긴 5월 27일까지의 이야기를 다룬다.

두 번째 장의 화자는 동호의 친구인 정대다. 첫 번째 장과 같이, 21일의 집단발포에서부터 27일에 계엄군이 도청을 진압했을 때까지를 정대의 시점에서 풀어낸다.

그다음 세 번째 장에서는 소피아여고 3학년 학생이자 동호와 함께 상무관에서 시체 수습을 도왔던 은숙의 이야기가 나온다. 은숙은 시민 자치 기간 동안 헌혈을 하러 왔다가 도청에서 일손이 필요하다는 얘기를 듣고 시체 안치를 돕다가 동호를 만난다. 3장의 이야기는 5월 27일 계엄군의 도청 탈환부터 시작해서, 그로부터 약 10년이 지난 후 은숙의 일상까지를 다룬다.

네 번째 장은 계엄군이 다시 시내로 진격해온다는 얘기에 도청을 마지막까지 지키다가 상무대에 투옥되었던 청년의 목소리를 담고 있다. 계엄군이 다시 쳐들어온다는 소문으로 무거웠던 26일 밤부터 이야기가 시작된다. 동호가 집으로 돌아가지 않겠다고 바득바득 우기자, 청년은 "숨어있다가 양손을 들고 나가서 항복하라."라고 말한다. 그리고 하룻밤만 도청을 잘 지키면, 다음 날 아침에 시민이 다시 몰려나와서 시위를 이어나갈 수 있으리라 믿는다. 하지만 제대로 된 방어조차 못 하고 상무대 유치장으로 끌려가 갖은 고초를 겪은 뒤, 그를 옥죄는 죄책감과 분노를 풀어놓는다.

다섯 번째 장은 동호와 은숙과 함께 시체 수습 일을 했던 선주가 주인공이다. 선주는 이전의 독재정권에서부터 노동운동을 했었던 전력이 있다. 1980년에는 친척이 있는 광주의 양장점에서 일하고 있었다. 그래서인지 선주의 이야기는 1970년대부터 시작하여, 1980년을 거쳐 40년이 흐른 오늘에 이르기까지 장시간에 걸쳐 이어진다.

마지막으로 여섯 번째 장은 현재 시점에서 동호 엄마의 시각을 담고 있다. 동호가 떠난 이후 가족들이 겪는 갈등을 통해서 피해자의 가족들이 아직도 얼마나 깊은 슬픔을 품고 살고 있는지를 담담하면서도 애잔하게 보여준다.

이렇게 소설은 에필로그에서 작가의 시점까지 총 7개의 시점으로 화자가 계속 바뀌며, 사건의 순서 역시 과거와 현재를 오가며 진행된다. 때문에 『소년이 온다』를 읽는다고 해도 광주 민주화 항쟁의 배경이나 전개 과정을 단박에 이해하기는 어렵다. 그래서인지 이 책을 처음 읽었을 때만 해도, 광주에서 일어난 사건의 끔찍함보다는 보편적인 삶과 죽음의 범위에서 '살아남은 사람의 슬픔'에 대해 더 깊이 공감했었다. 그러니 민주화 과정을 좀 더 명확히 알고자 한다면, 책 속의 내용을 실제 사건이 발생한 시간 순서에 따라 재구성해야 한다.

신군부 독재정권의 등장

대부분 민주화 운동을 다룬 영화나 책은 전두환을 중심으로 한 신군부 체제 아래에서 이야기가 시작된다. 하지만 그 시대를 제대로 이해하기 위해서는 이야기의 시작점을 박정희 정부의 마지막에서부터 찾아야 한다. 1979년 10월 26일, 1963년부터 무려 16년간 장기집권을 했던 박정희 전 대통령이 암살되었다. 경제성장을 이루게 해준 대통령이 갑자기 사망했다는 사실에 놀라 슬퍼하는 사람도 많았다. 하지만 동시에 민주주의를 탄압했던 독재자가 사망했으니 민주화가 이루어질 것이라는 희망도 터져 나오기 시작했다. 김영삼 등 탄압받던 민주화 인사들이 활동을 재개하면서, 독재정권 아래에서 민주화를 요구하다가 정학이나 퇴학을 당했던 학생들이 학교로 돌아왔다. 그들은 학교에 돌아오자마자 대통령 직선제와 민주화를 요구했다.

슬픔과 희망과 요구가 뒤섞인 혼란 속에서, 당시 전두환 보안사령관을 주축으로 한 신군부 세력은 새로운 정권을 세우려 했다. 신군부는 군을 중심으로 한 기득권 세력이 와해되려는 위기를 극복하기 위하여, 12월 12일 최규하 대통령을 밀어내고 기습적으로 쿠데타를 일으킨다. 이미 시민의 민주화 요구를 차단할 준비를 탄탄히 마친 후였다.

하지만 민주화를 원하던 학생과 정치인들이 가만있을 리가 없었다. 5월 초에 전두환 퇴진, 직선제 개헌, 계엄령 해제 등을 내걸고 전국적으로 대규모 시위가 이루어졌다. 여러 지역에서 동시다발적으로 민주화 요구를 하고 있었다. 5월 15일 서울역 광장에 시민과 학생이 10만 명가량 결집했다. 하지만 서울에서 결집한 10만 명은 결국 집으로 돌아가는데, 흔히 이 사건을 두고 '서울역 회군'이라고 부른다. 이 서울역 회군을 두고 여전히 의견이 갈린다. 더 강경하게 시위를 이어나갔다면 민주화를 이룰 수 있었을 거라고 후회를 하는 의견이 있지만, 이미 신군부가 군 권력을 동원하여 시민을 탄압할 준비가 되어 있었기 때문에 광주보다도 더 큰 유혈사태가 벌어졌을 것이라고 보는 사람도 있다. 하지만 시위에 참여한 건 학생이 대부분이었기에, 오히려 일반 시민은 "하라는 공부는 안 하고 맨날 데모만 하네. 쯧쯧."이라고 방관적이거나 비판적인 시각이 대부분이었다고 한다.

　이런 흐름 속에서 신군부는 민주화 운동의 확산을 막고 아예 뿌리를 뽑기 위하여 5월 17일 밤 비상계엄령을 전국으로 확대한다. 하룻밤 사이에 학생과 정치인 2,800여 명이 체포되었고, 집회와 정치 활동, 파업도 금지됐고, 대학휴교령까지 내려졌다.

　그리고 그 다음 날 아침, 휴교령이 내린 지도 모르고 학교를 찾은 전남대학교 학생과 교직원은 정문을 지키고 있는 군대와 마주하게 되었다. 언제나처럼 학교로 들어가려는 것뿐인데, 군대에 의해 그 걸음이 가로막히니 어쩌면 어리둥절했을지도 모른다. 그때나 지금이나 전남대학교 정문은 너무나 평범하고 일상적인 곳이니 말이다.

가까운 일상의 공간, 전남대학교

오늘날에는 서울역에서 KTX를 타면 광주까지 2시간도 채 걸리지 않는다. KTX가 정차하는 광주송정역에서 택시로 20여 분을 달리면 전남대학교에 도착한다. 광주송정역 바로 건너편 1914 송정역 시장에서의 먹부림을 위한 시간을 제외한다면, 서울에서도 광주 5월의 함성이 가장 먼저 울려 퍼졌던 전남대학교 정문까지 3시간도 걸리지 않는 셈이다. 약 40년 전 봄, 외부로부터 완전히 고립되었던 것이 믿기지 않을 정도로 광주는 가까이 있다.

전남대학교 정문 옆에는 5.18 민중항쟁 사적비가 조용히 서서 이곳이 바로 광주 민주화 운동의 시발점이 된 곳이었음을 알려주고 있었다. 그 안내문을 읽어보면 그때의 상황이 그려진다.

사적 1호. 전남대학교 정문
"이곳은 한국 민주주의 역사에 찬연히 빛나는 5·18광주민중항쟁이 시작된 곳이다."
1980년 5월 17일 밤 전남대에 진주한 계엄군은 도서관 등에서 공부하고 있던 학생들을 무자비하게 구타하고 불법구금하였다. 계엄군은 5월 18일 아침 학교에 등교하거나 5.17 비상계엄확대조치에

사적 1호. 전남대학교 정문. 5.18 민주화 운동 최초 발원지

항의하기 위해 정문 앞에 모인 학생들을 무자비하게 강제 해산시켰
다. 이에 학생들이 항의하면서 항쟁의 불씨가 되었다.

정문 앞에는 40년 전 5월 18일 이 자리에서 항쟁하는 학생들의 모습
을 담은 사진이 있다. 근데 사진을 유심히 들여다보니 지금의 정문 위
치와 다른 것 같다. 당시에는 정문 앞 용봉천을 두고 계엄군과 학생들
이 대치하였으나, 지금은 용봉천은 복개되어 도로가 되었고 정문은 본
관에서 더 멀리 떨어진 곳에 새로운 모양으로 들어섰다. 하지만 사진 속
에 뚜렷이 보이는 용봉탑과 용봉관의 모습을 통해 이곳이 역사 속의 그
장소임을 알 수 있었다. 전남대학교 학생과 경찰이 대치했던 그 장면이
눈앞에 겹쳐 보이는데, 현재의 사람들은 그 장면 속을 아무렇지 않게
오가고 있다. 인파를 따라 정문을 통과하니 메타세쿼이아 길이 펼쳐진
다. 그 길을 따라 걷다 보면 발걸음은 자연스럽게 용봉관으로 이어진다.

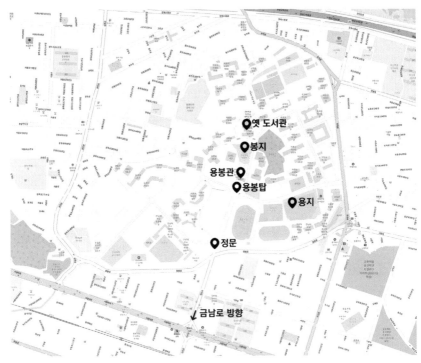

5.18 민주화운동의 발원지, 전남대학교

　용봉관은 1980년 당시에는 대학본부 건물이었으나 대학본부는 2000년 초반 신축 건물로 옮겨가고 현재 용봉관에는 5.18 연구소, 대학 역사관이 자리 잡고 있다. 용봉관 1층과 2층에 5.18 기념관과 전남대학교 역사관이 있어 민주화 운동 당시 전남대와 관련된 인물, 신문 기사, 사진, 영상 등을 볼 수 있다. 40년 전의 대학 교정이라고 지금과 무엇이 크게 달랐을까? 5월의 대학 교정을 상상해보라. 중간고사를 끝낸 홀가분함과 포근한 날씨, 그리고 축제로 떠들썩할 시기가 아닌가? 5월의 대학 교정에서 정말 이런 일이 있었을까? 그러나 생생히 남아 있는 사진과 영상이 이 끔찍한 일은 분명히 현실이었다고 말해주고 있었다.

용봉관을 나와 조금 더 학교 안으로 걸어 들어가면 '봉지'라고 불리는 작은 연못이 있다. 용봉동에서 '봉'자를 따와 봉지라는 이름이 생겼다고 한다. 물론 '용'자를 따온 '용지'도 있다. 용지는 봉지보다 꽤 큰 못으로 봄에는 벚꽃으로, 여름에는 연꽃으로, 가을에는 단풍으로, 겨울에는 원앙 떼로 사시사철 아름답다고 하니 전남대에 가면 용지를 따라 산책하는 것도 좋겠다.

봉지는 용지에 비하면 아주 작고 아담한 연못이다. 봉지 가운데 서 있는 '임을 위한 행진' 동상 너머로 하얀 벽의 도서관 별관이 보인다. 조금 전, 전시관에서 보았던 사진 속의 그 장소임을 한눈에 알아볼 수 있었다. 살짝 경사진 도서관 앞을 계엄군이 빽빽하게 서 있고, 그 뒤로는 학생들이 버티고 서서 계엄군과 대치를 하고 있던 바로 그 사진.

전남대학교는 5.18 민주화 항쟁의 역사에서 주로 계엄군과 시민의 최초 충돌지로만 알려졌지만, 항쟁 기간에 계엄군이 시내에서 체포한 시민을 수용하는 공간으로도 쓰였다. 계엄군은 금남로나 도청 등에서 시민이나 학생을 끌고 와서 이학부 건물에 감금하고 그들을 집단으로 구타하였다. 그 과정에서 발생한 사망자들은 교내에 암매장하였고 그 주검들은 이후에 발굴되었다고 한다. 전남대학교 캠퍼스는 학생뿐 아니라 광주 시민에게도 일상적인 공간이었을 것이다. 정신을 제대로 차리지 못하는 상황에서 어딘가로 끌려와서 갇혀 있었는데, 알고 보니 그곳이 자신이 공부하거나 놀러 오는 공간이었다는걸 깨닫는 순간 얼마나 끔찍했을까. 『소년이 온다』 속 익명의 증언자도 이런 순간을 겪는다.

아, 그곳이 J 대였는지 나는 꿈에도 몰랐습니다.

주말이면 친구들과 축구하러 가던 운동장 뒤편 언덕에 신축 강당이 있었는데, 바로 그곳에 지난 사흘 동안 갇혀 있었던 겁니다. 군인들이 점거한 교정에는 사람의 기척이 없었습니다. 묘지처럼 고요하고 환한 길을 트럭이 달려가는데, 잔디밭에 여대생 둘이 잠든 듯이 누워 있는 게 보였습니다. 청바지를 입은 그들의 가슴에 노란 현수막이 덮여 있었습니다. '계엄 해제'라고 굵은 매직으로 적힌 글씨가 보였습니다. (p.145)

임시 수용소로 쓰였던 이학부 건물은 이제 철거되었고, 총을 든 계엄군과 학생들이 대치하던 옛 도서관 건물은 현재는 열람실로 사용되고 있어 책가방을 멘 학생들만 조용히 드나들고 있었다. 기념비와 벽화 등이 교내 곳곳에 설치되어 그날의 참혹함을 잊지 말라고 외치고 있었다. 너무나 일상적인 이곳에서 그런 일이 일어났다니. 갑작스러운 공포감이 밀려왔다. 학교의 역사가 느껴지는 아름다운 건물들, 삼삼오오 캠퍼스를 거니는 학생들, 겨울 햇볕을 쬐러 나온 고양이들. 이런 따뜻한 일상이 느껴지는 대학 교정에서 끔찍한 살상이 이루어졌다는 사실이 너무나 비현실적으로 느껴졌다.

1980년 5월 18일 아침, 정문에서 계엄군에 마주 선 학생들도 이런 비현실성을 느꼈을 것이다. 계엄군이 일상으로 향하는 교문을 열어주기는커녕 진압봉을 휘두르자, 일부 학생은 교정에서 이루어진 무자비한 폭력 진압을 피해 "비상계엄 해제하라.", "전두환 물러가라." 등의 구호를 외치며 금남로로 나갔다. 이전에 열렸던 학생 집회 때마다 정부가 계엄을 확대하면 학교로 모이고, 불가능할 경우 도청 앞으로 모이자던 약속을 잊지 않았기 때문이다.

사건의 중심으로 향하는 길, 금남로

　전남대학교 정문에서 나와 남쪽으로 30분 정도 걸어가면 큰 오거리와 마주치게 된다. 거기서부터 동남쪽으로 약 2.5㎞ 남짓한 거리가 바로 금남로이다. 금남로는 그 시절, 전남도청과 각종 금융기관이 들어서 있는 광주의 행정과 금융의 중심지였다. 직접 가본 금남로는 여전히 광주에서 '구시가지'로 불리며 사람이 모이는 명실상부한 도시의 중심부였고, 빵집, 옷가게, 카페, 식당 등에 남녀노소 가리지 않고 어디에나 휴일을 즐기러 나온 사람으로 가득했다. 특히 이 길의 끝에는 전남도청사가 있었기 때문에, 금남로는 광주 민주화 항쟁에서 가장 중요한 위치적 배경이 된다. 책에서 벌어지는 대부분의 시위, 계엄군과의 대립, 피해자에 대한 수습이 금남로 근처에서 일어나는 것도 이 때문이다.

　1980년 5월 18일은 일요일이었다. 시내에는 많은 시민이 휴일을 즐기고 있었다. 시내로 향한 학생들은 "비상계엄 해제하라.", "전두환 물러가라." 등의 구호를 외치며 농성을 하기 시작했다. 가톨릭 센터(천주교 광주대교구청) 앞에서는 학생 연좌시위가 벌어졌다. 계엄군은 시위하는 학생들뿐만 아니라 휴일을 즐기고 있던 무고한 시민에게까지 무자비한 폭력을 행사하였다. '소년' 또한 이 시간 금남로 근처에 있다가 이유 없이 시민에게 쏟아지는 폭력을 목격하고 패닉에 빠진다.

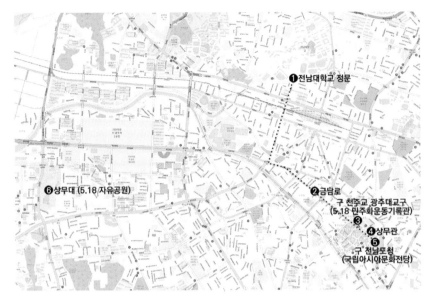

전남대학교에서 금남로를 거쳐 도청으로 향하는 길

　학교 앞 서점에서 문제집을 사려고 혼자 집을 나선 지난 일요일이었다. 갑자기 거리에 들어찬 무장 군인들이 어쩐지 무서워 너는 천변길로 내려가 걸었다. 신혼부부로 보이는, 성경과 찬송가 책을 손에 든 양복 입은 남자와 감색 원피스 차림의 여자가 맞은편에서 걸어오고 있었다. 날카로운 고함 소리가 몇차례 위쪽 도로에서 들리더니, 총을 메고 곤봉을 쥔 군인 셋이 언덕배기를 타고 내려와 그 젊은 부부를 둘러쌌다. 누군가를 뒤쫓다 잘못 내려온 것 같았다.

　무슨 일입니까? 지금 저흰 교회에…….

　양복 입은 남자의 말이 채 끝나기 전에, 사람의 팔이 어떤 것인지 너는 보았다. 사람의 손, 사람의 허리, 사람의 다리가 어떤 일을 할

수 있는지 보았다. 살려주시오. 헐떡이며 남자가 외쳤다. 경련하던
남자의 발이 잠잠해질 때까지 그들은 멈추지 않고 곤봉을 내리쳤다.
곁에서 쉬지 않고 비명을 지르다 머리채를 잡힌 여자가 어떻게 되었
는지 너는 모른다. 덜덜 턱을 떨며 천변 언덕을 기어올라 거리로, 더
낯선 광경이 펼쳐지고 있는 거리로 들어섰기 때문이다. (p.24-25)

이날 공황에 빠진 것은 '소년'만이 아니었다. 그날 밤, 소년의 집에 셋
방살이하고 있던 정대의 누나가 집에 들어오지 않았기 때문이다. 정대
는 누나와 단둘이 살고 있었기에 더욱 두려움에 질렸다. 소년은 울먹이
는 정대를 달래가며, 누나가 갔을 만한 곳을 적어보고 다음 날 아침부터
정대와 함께 누나를 찾아 나섰다.

정대와 소년이 누나를 찾아다녔던 5월 19일 월요일, 계림파출소 근처
에서 계엄군은 시민을 향해 방아쇠를 당겼고, 조대부고생 김영찬(당시
고등학교 3학년)이 총격에 상처를 입게 된다. 계엄군의 폭력적인 진압
에 학생들뿐만 아니라 광주를 지키려는 시민들까지 시위에 가담한다.

5월 20일, 광주의 고등학교에는 휴교령이 내려지고 공수부대의 만행
을 직접 목격하고 겪은 택시 운전사들은 무등경기장에서 금남로로 전
조등을 켜고 경적을 울리는 등 차량 시위를 벌이며 시위대의 분위기를
고조시킨다.

20일 밤, 금남로에서 불과 1㎞가량 떨어진 거리에 있는 광주역 광장
에서 폭력적인 유혈 진압에 항의하던 비무장 시민을 향하여 총성이 울
리고, 다음 날인 21일 아침, 2구의 시체가 발견된다. 역전에서 총을 맞
은 두 희생자를 실은 손수레는 금남로로 향했고, 그 손수레를 따라 분노
한 시위대와 시민의 행렬로 금남로는 인산인해를 이루었다. 그리고 오

후 1시, 도청 앞 광장 스피커에서는 애국가가 흘러나오고 애국가를 따라부르던 군중에게 상상도 못 할 끔찍한 일이 일어난다. 책에 따르면 "중절모를 쓴 노인부터 열두어 살의 아이들, 색색의 양산을 쓴 여자들까지" 무고한 시민을 향해 계엄군의 무자비한 집단발포가 시작된다. 계엄군은 건물 옥상에서 총을 맞은 사람들을 구하러 뛰어드는 이들을 향해서도 자비 없이 방아쇠를 당겼다. 그리고 그 현장에 있었던 소년 동호는 쏟아지는 총알을 피해 도망을 치다가 친구 정대와 헤어진다.

도청 앞 스피커에서 연주곡으로 흘러나온 애국가에 맞춰 군인들이 발포한 건 오후 한 시경이었습니다. 시위 대열 중간에 서 있던 나는 달아났습니다. 세상에서 가장 거대하고 숭고한 심장이 산산조각나 흩어졌습니다. 총소리는 광장에서만 들리는 게 아니었습니다. 높은 건물마다 저격수가 배치돼 있었습니다. 옆에서, 앞에서 맥없이 쓰러지는 사람들을 버려둔 채 나는 계속 달렸습니다. *(p.114)*

동호는 총알을 피할 수 있는 담벼락에 붙어서서 겨우 숨을 돌리다가 정대를 발견한다. 정대를 돕기 위해 뛰쳐나가려는 걸 함께 총을 피하던 아저씨들이 붙잡는다. 지금 나가면 개죽음이라며, 험한 장면을 보지 못하도록 눈을 가려준다. 동호가 할 수 있었던 것은 한참의 시간이 지난 후 군인들이 앞에 쓰러진 사람들을 끌고 가기 시작하자, 그제야 겁에 질린 채 정신없이 집으로 돌아오는 것뿐이었다.

이쯤 되면 의문이 든다. 이렇게 엄청난 상황이 벌어지고 있는데 다른 지역 사람들은 왜 도우러 오지 않는 거지. 아무리 인터넷이 없던 시절이라지만 신문과 뉴스를 통해서 들었을 텐데. 하지만 미디어는 광주에서 벌어지는 일에 대해서 자의 혹은 타의로 침묵하고 있었다. 이 사태에 대하여 아무것도 보도하지 않는 언론에 분노한 시민은 거세게 항의하며 방송국 건물에 불을 지른다. 하지만 탄압은 점점 더 심해지기만 했다.

또 다른 의문도 있다. 언론이 아니더라도 광주의 상황을 외부에 전달할 수 있는 능력이 있는 사람이 하나쯤은 있었을 텐데 왜 침묵한 것인가. 금남로 한 편에 우뚝 서 있는 다소 오래된 고층 빌딩이 그 질문에 답을 해줄 수 있다. 현재는 5.18 민주화운동기록관으로 불리는 곳으로 1980년 당시에는 천주교 광주대교구로 사용되었던 건물이다. 5.18 민주화운동기록관 입구에는 'UNESCO'라고 써진 표시석을 볼 수 있다. 갑자기 여기서 왜 유네스코가 나오는지 의문이 들 것이다. 5.18 민주화운동 기록물은 유네스코 세계기록유산에 등재되었다고 한다. 유네스코 세계기록유산은 사실 좀 생소하다. 이런 게 있었나 하는 생각이 먼저 든다. 세계기록유산의 원어는 'Memory of the World', 직역하자면 '세계의 기억'이다. 한 시대를 기억하며 후대에 보존할만한 가치가 있는 기록물을 대상으로 지정하는데, 5.18 민주화 운동 기록물은 사건의 발발부터 전개, 진상 규명, 보상의 과정까지 사건 전체를 아우르는 기록물로 그 보존 가치를 인정받아 2011년에 유네스코 세계기록유산으로 지정되었다. 5.18 민주화운동기록관에는 3층에 걸쳐 이 기록물에 대한 상설전시가 이루어지고 있다. 기록물이라고 하면 딱딱한 정부 문서, 신문 등이라고 생각하기 쉬운데 전시관에는 흑백 사진부터 시민이 만든 성명서와 선언문, 기자들의 취재 수첩, 일기, 시민의 증언과 피해자들의 병원 치료기록 등 다양한 형태의 기록물이 전시되어 있었다. '광주 민주화 운동의 기억'을 생생하게 담고 있는 공간이었다.

당시의 천주교 광주대교구로 쓰였던 5.18 민주화운동기록관

그리고 이 기록물들이 전달하는 의미를 더 증폭시키는 공간이 기록관 6층에 존재한다. 바로 윤공희 대주교의 근무실을 복원한 공간이다. 윤공희 대주교는 5.18 민주화 운동 당시 천주교 광주대교구 대주교였다. 윤공희 대주교는 근무실 창을 통해 금남로에서 무자비하게 폭행을 당하는 시민을 보았다. 그러나 그는 그 당시에 계엄군의 무력에 머리에 피를 흘리며 쓰러지는 젊은이를 보며 공포에 질려 아무것도 할 수 없었다고 고백하였다. 하지만 그는 점점 더 잔혹해지는 정부의 무력사태에 진실을 알리기로 하고, 외부와 단절된 광주의 사태를 밖으로 알리고자 노력하였다. 현장에서 목격한 것들을 추기경에게 전하고, 시국 미사를 집전하는 등 천주교계가 신군부의 독재정치에 맞서도록 이끌었다. 이후 매년 5월마다 희생자를 위한 추모 미사를 집전하였고, 정부에 탄원을

넣으며 폭도로 매도된 광주 민주화 운동의 진실을 밝히고자 노력했다.

그의 근무실 창문을 통해 금남로가 훤히 내려다보인다. 우리는 창문 밖으로 보이는 것들을 침묵하며 바라보았다. 차량과 사람으로 가득한 이 거리가 한순간에 폭력과 피로 물든다면, 그것을 바라보는 것은 어떤 심정이고 무엇을 할 수 있을까. 무겁게 입을 열었다.

"나는 아무것도 못 할 거 같아. 그저 나에게 아무 일이 일어나지 않기를 바라는 것밖에는… 나는 못 할 것 같아."

말로 설명할 수 없는 무거운 부채감만 남을 뿐이었다.

대주교 집무실 창을 통해 바라본 금남로

희생자들이 머물다 간 곳, 상무관

　동호 역시 그 순간에는 침묵하고 돌아섰지만, 집으로 돌아와 보니 그제야 정신이 들었다. 그리고 다시 정대를 찾아 온 병원을 헤맸다. 하지만 금남로에서의 처절한 총격 때문에 사상자가 넘쳐나 광주지역의 영안실은 과포화 상태에 이르렀기에 도청에까지 희생자들을 안치하고 있었다. 그리고 소년 역시 정대를 찾아 도청 민원봉사실에까지 도달하였고, 그곳에서 희생자를 수습하는 일을 하던 은숙 누나와 선주 누나를 만나게 된다. 은숙 누나는 소피아여고 3학년 학생이고, 선주 누나는 양장점 미싱사로 아주 평범한 광주 시민 중 하나였다. 이들은 피가 부족해 사람들이 죽어간다는 소식을 듣고 헌혈을 하러 갔다가 도청에 일손이 필요하다 하여 얼결에 시신을 수습하는 일을 맡게 되었다. 실제로 당시에 적십자병원 헌혈차와 시위대 지프가 돌아다니며 헌혈을 호소했고, 많은 시민이 자기 일처럼 달려갔다고 한다. 그리고 광주시를 지키기 위해 시민은 자발적으로 음식을 나누고, 일손이 필요한 곳으로 뛰어갔다. 소년은 비록 정대를 만나지는 못했지만, 누나들의 부탁으로 시신을 수습하는 일을 함께하게 된다.

　　선주 누나와 은숙 누나는 베니어합판이나 스티로폼 판에 미리 비닐을 깔아놓고 그 위에 죽은 몸들을 눕혔다. 얼굴과 목을 물수건으로 씻고 헝클어진 머리칼을 가는 빗으로 정돈한 뒤, 냄새를 막기 위해 몸에 비닐을 둘렀다. 그 사이 너는 그들의 성별과 어림잡은 나이, 입은 옷과 신발의 종류를 장부에 기록하고 번호를 매겼다. 갱지 쪽지에다 같은 번호를 적어서 가슴께에 핀으로 꽂아놓은 뒤, 얼굴 아래로 흰 무명 천을 덮고는 누나들과 힘을 합해 벽 쪽으로 밀어놓았다. 도청에서 가장 바쁜 사람처럼 보이는 진수 형은 하루에도 몇번씩 다급한 걸음걸이로 너를 찾아왔는데, 네가 장부에 기록한 인적사항들을 벽보에 써서 도청 정문에 붙이기 위해서였다. 그걸 직접 보거나 전해듣고 나타난 가족들에게 너는 흰 천을 열어 죽은 몸들을 보여주었다. (중략) 너무 험하지 않게만 대강 수습해놓은 시신을, 유족들은 목화솜으로 코와 귀를 막아주고 깨끗하고 좋은 옷으로 갈아입혔다. 그렇게 간단한 염과 입관을 마친 사람들이 상무관으로 옮겨지는 걸 장부에 기록하는 것까지가 너의 일이었다. (p.16)

  계엄군의 무자비한 폭력 진압은 계속되고 희생자는 더욱 늘어나 도청 민원봉사실로도 이들을 수용하기에 부족하게 되자 도청 바로 옆에 있는 상무관으로 희생자를 옮기게 된다. 상무관은 원래 경찰들과 유도선수들, 그리고 검도선수들이 훈련하는 체육관이었다. 강당처럼 가운데 넓은 바닥이 있고 경기를 내려다보기 위한 스탠드로 둘러싸여 있지만, 그때에는 마룻바닥 가득한 시체만 내려다보였을 것이다. 동호와 함께 일을 하던 은숙 누나는 험한 모습의 시체를 수습하다가 강당 밖으로 뛰쳐나가 토를 하거나, 코피가 잦다는 선주 누나는 자주 고개를 젖히고 강당 천장을 올려다보곤 했다. 동호는 희생자의 인상착의가 정리된 장부를 품에 안고, 시체에서 나오는 악취를 조금이라도 막기 위하여 피워둔 촛불을 바라봤겠지. 시민자치 기간 동안 시체 수습과 합동분향소로 쓰인 도청과 상무관은 항상 희생자의 유가족, 행방불명된 가족을 찾으러 온 사람들, 희생자를 추모하는 이들, 그리고 수없이 많은 희생자로 붐볐다. 이 처참한 모습은 광주시민들의 민주화 투쟁 의지에 더욱 불을 지폈다.

상무관에 안치된 희생자와 유가족

전남도청, 가장 뜨거웠던 항쟁의 중심

 이 투지는 범시민궐기대회로 이어져 도청 앞 광장에는 매일 수많은 시민이 집결했다. 책에서도 집회의 규모가 어느 정도였는지 동호의 시선으로 설명했다.

 군인들이 철수한 다음 날 열린 집회를 너는 기억한다. 도청 옥상과 시계탑 위까지 빽빽하게 사람들이 올라가 있었다. 차량이 다니지 않는 바둑판식 거리에, 건물 자리만 남겨놓고 수십만의 사람들이 어마어마한 물결처럼 출렁거렸다. 수십만층의 탑을 아스라하게 쌓아올리며 애국가를 불렀다. 수십만개의 폭죽을 연달아 터뜨리는 것처럼 손뼉을 쳤다. (p.22)

 광주 시민은 도청 앞에 모여 계엄군의 폭력적인 진압에 분개하였다. 광주를 지키기 위한 앞으로의 투쟁 방향에 대하여 열띠게 논의했다. 그리고 시민군을 결집하여 자신을 지키기 위하여 무장을 시작했다.
 특히 21일의 집단 발포 이후 계엄군이 퇴각한 사이, 시민군은 전라남도 도청을 점령하고 시민자치를 시작했다. 비록 광주시 외곽에서는 계엄군이 광주로 통하는 통행을 막아 외부와 단절되었지만, 광주 시내는

횃불성회
전남도청 앞 분수대

나경택 | 5·18기념재단

5.18 기념재단 홈페이지에서 궐기대회의 사진을 찾아보면,
당시 현장을 더 현실감 있게 느낄 수 있다.

빠르게 안정을 되찾고 있었다. 놀랍게도 전남도청으로 많은 공직자들이 정상 출근을 했다고 한다. 상점도 일부 문을 열었고, 동호나 진수처럼 얼떨결에 일을 하게 된 사람들도 바쁘게 도청, 상무관, 상점을 오갔다. 일반 시민도 직간접적으로 도움을 주고 싶어 했고, 그래서 도청에서 일하는 사람이 상점을 찾아가면 물건을 헐값에 주거나 그냥 내어주는 경우도 많았다고 한다. 책의 첫 번째 장인 동호의 시각에서 전개되는 이야기도 대부분 이 시민자치 기간을 다루고 있다.

  하지만 항쟁 9일째인 1980년 5월 26일 월요일, 그날은 비가 내렸고 시민들 사이에서도 불안한 기운이 감돈다. 오늘 밤 시내로 계엄군이 공격해 올 것이라는 말이 파다했기 때문이다. 계속해서 전남도청을 지키고 있던 시민군은 여자와 어린 학생들을 집으로 돌려보내고, 유족들은 고인을 상무관에 두고 갈 것인지 집으로 데리고 갈 것인지 논의한다. 밤이 깊어지고 도시는 어둠 속에 잠식된다. 영화에서 본 것처럼 "계엄군이 쳐들어옵니다. 시민 여러분, 우리를 도와주십시오."라는 여성의 가냘픈 목소리만이 어두운 도시 속에 울려 퍼졌을 뿐이다.

다음 날인 27일 새벽, 시민군이 차지하고 있던 전남도청은 계엄군의 탱크로 포위되었고, 시민군과 계엄군의 최후 격전이 이루어졌다. 시민군은 마지막까지 계엄군에 항쟁하지만 27일 5시 10분 계엄군이 도청 진입을 완료하고 작전은 종료된다. 많은 시민군이 계엄군의 총에 희생되었고, 일부 시민군 생존자는 '극렬가담', '특수 폭도' 등으로 분류되어 군부대로 끌려갔다. 그렇게 5.18 민주화 운동은 막을 내린다.

불안감과 긴장감이 팽팽하게 맴돌았던 1980년의 그날과는 달리 전남도청의 현재 모습은 어떠할까. 현재의 모습이나 정확한 위치를 알아보기 위해 지도에 전남도청을 검색해보면 꽤 당황할 수밖에 없다. 전남도청의 위치가 당연히 광주일 거라 생각했지만, 전라남도 무안에 있다는 것을 확인하게 되기 때문이다. 여러 번 검색을 해봐도 똑같은 결과일 테니 너무 애쓰지는 마시길. 2005년에 무안군 남악 신도시로 전라남도 도청이 이전되었기 때문에 그런 결과가 나온 것이니까 말이다. 그럼 이쯤에서 궁금해진다. 도대체 우리가 역사적으로 알고 있는 구 전남도청은 현재 어떻게 쓰이고 있지? 직접 찾아가 보니 구 전남도청 건물은 현재 국립아시아문화전당으로 바뀌어 있었다. 정확히 말하자면 국립아시아문화전당이라는 복합 문화단지 내 민주평화교류원으로 사용되고 있었다. 물론 검색만으로도 확인할 수 있다.

직접 찾아가 보았을 때 제일 첫 번째 마주한 장소는 민주평화교류원의 기념관 3관이었다. 과거 전남도청 회의실로 사용된 장소이다. 그 옆에 기념관 4관이 있다. 구 전남도청 본관이었던 이곳은 대한민국 근대문화유산 등록 문화재 16호로 지정되어 있다. 직접 와서 보기 전에는 그저 단순한 직사각형 형태의 현대식 건물을 생각했었는데 일제 강점기에 지어진 관공서였다는 점에서 놀라웠다. 코린트 양식으로 처음 건축 당시에는 붉은 벽돌의 2층 건물이었는데 해방 이후에 흰색으로 색칠하고 70년대에 3층으로 증축하여 현재의 모습을 지니게 되었다고 한다.

좀 더 옆으로 옮기면 별관이었던 곳 일부가 철거되고 지어진 문화 교류 협력 센터를 볼 수 있다. 국립아시아문화전당이 계획되고 들어서면서 옛 전남도청의 본관과 별관을 잇는 건물을 헐었는데 헐려진 건물은 당시 계엄군과 광주 시민의 최후 격전지였다. 계엄군이 광주 시민을 향해 무차별 총격을 가했던 흔적들이 국립아시아문화전당이 들어서면서 사라지게 된 것이다.

요즘 잔혹한 참상이 벌어졌던 역사적 장소나 재난 재해 현장을 방문하여 어두웠던 역사를 돌아보고 과거의 잘못을 반복하지 말아야겠다는 메시지를 주는 다크 투어리즘에 대한 관심도 높아지고 있다던데, 건물 일부를 철거하기도 하고 외관에 외벽을 새롭게 칠을 해서 그날의 흔적을 완전히 가리는 것은 아쉬웠다. 이런 아쉬움을 가진 것이 우리만은 아니었나 보다. 우리가 방문했을 당시에도 복원을 위한 농성이 꽤 오랫동안 진행되고 있었다.

비록 농성 때문에 다소 어수선한 공간도 있지만, 전시 내용은 흥미롭다. 대부분의 5.18 관련 전시를 보고 있으면 더는 보고 싶지 않다고 느껴질 만큼 마음이 불편하곤 했다. 실제 벌어졌었던 사건이라고는 하지만, 계속해서 잔인한 폭력이나 피해의 장면을 마주하는 것 자체가 힘든

집회 중에 무대로 사용되었던 분수대 뒤로, 옛 전남도청 건물이 보인다.
'국립아시아문화전당'이라는 간판이 붙어 있는 부분은 27일 새벽, 시민군과 계엄군이 최후의 결전을 벌였던 건물의 흔적이다.

일이기 때문이다. 이에 반해 옛 전남도청의 전시 내용은 당시의 참담한 현실도 당연히 보여주지만, 항쟁 중에 벌어지는 개인의 일상적인 이야기도 많다. 특히 계엄군이 한때 물러나고 시민군이 전남도청에서 자치하던 시기에 밥을 나눠 가진 사람들의 증언을 읽고 있으면 묘하게 슬픔과 함께 따뜻함이 동시에 느껴진다.

(22~25일경) 도청에 있는 학생들이 배를 곯고 있다는 소식이 전해졌다. 내가 동네 부녀회장을 맡고 있어서 쌀을 거둬 밥을 지었다. 순식간에 쌀이 한 가마니나 걷혔다. 양이 많이 식당에서 밥을 쪄내고 동네(양동시장) 아낙네들을 모아 김밥을 쌌다. 필요한 모든 재료는

양동시장에서 즉시 구입할 수 있었다. 도청에 가자 몹시 배가 고팠던 지 쌀 한 가마니 분량의 김밥을 순식간에 먹어치웠다. 고마워하는 학생들을 뒤로 하고 집으로 돌아오는데 우리는 덩달아 기분이 좋았다.

도청민원실(현 도청회의실) 2층을 식당으로 이용하고 있었는데 식당에는 여학생들과 젊은 아주머니들이 집에서 밥을 날라오고 도청 내의 시민군의 식사 시중을 들어주고 있었다. 반찬은 고추장과 멸치, 단무지, 된장국뿐이었으나 밥을 두 공기나 맛있게 먹었다.

－『신동아』1988, 박남선 증언

복원의 의미는 무엇일까. 공간을 되돌리고 역사를 바로잡고 기억하는 것이다. 구 전남도청은 5.18 민주화 운동의 중심이자 최후 항쟁지였다. 사망자가 발생하면 인적사항을 적어서 벽보로 써 붙인 곳도 도청 정문이었고, 서로 자처해서 밥을 짓고 나눠 먹던 일상이었고, 도청광장과 분수대 앞에서 시위를 위한 무대가 설치되었으며, 계엄군이 다시 쳐들어오는 그 밤과 새벽에도 도청을 지키면 다음 날 아침 시민이 몰려와 시위가 이어질 것이라고 믿은 희망의 장소였다.

4장의 화자는 계엄군으로부터 도청을 지키기 위하여 소회의실의 조원들을 지휘하는 임무를 맡고 있었다. 실상 작전이라고 부를 수도 없는 단순한 것이었지만 도청을 지킬 수 있으리라는 희망과 그래야만 남은 삶을 부끄러움 없이 살아갈 것이라는 낙관을 가지고 있었다.

계엄군이 도청에 다다를 것으로 예상된 시각은 새벽 두시였고, 우리는 한시 삼십분부터 이층 복도로 나가 있었습니다. 성인 한사람이 창문 하나씩을 맡았습니다. 미성년자들은 창과 창 사이에 엎드려 대

기하다가 옆에 있던 사람이 총에 맞으면 그 자리를 맡기로 했습니
다. 다른 조들이 어떤 임무를 맡았는지, 그것이 얼마나 현실적인 작
전이었는지 나는 알지 못합니다. 처음부터 상황실장은 우리 목표가
버티는 것이라고 말했습니다. 날이 밝을 때까지만. 수십만의 시민이
분수대 앞으로 모일 때까지만. (p.112-113)

　하지만, 대부분이 제대로 된 군사 훈련을 받지 않은 오합지졸이었던
터라 저항도 못 하고 계엄군에게 도청을 내어주게 된다. 그처럼 구 전남
도청은 그날의 비극을 생생하게 전달해주는 역사적인 장소이다. 장소
를 기억하는 것은 그 사건을 기억하는 것이다. 장소가 없어진다고 해서
기억이 사라지는 것은 아니지만 분명히 장소만이 줄 수 있는 사건에 대
한 전달력이 있다. 특히 역사적인 사건이 발생한 장소라면 철거할 때 더
신중해야 한다. 우리에게 역사적인 장소에 대한 인식이 좀 더 있었더라
면 하는 아쉬움이 남는다.

잊을 수 없는 마지막 비극, 상무대

비록 전남도청에서는 계엄군과 시민군의 흔적을 찾기 어려웠지만, 그 이후에 벌어진 사건은 시민군이 끌려갔던 장소에 생생하게 기록되어 있다. 책에서 묘사된 것처럼 끝까지 저항하다 붙잡힌 시민들은 줄줄이 묶여 상무대로 끌려갔다.

군이 그 트럭을 새벽까지 내버려둔 것은 병력의 이동 경로를 노출하지 않기 위해서였다는 것을 당신은 나중에 알았다. 동트기 직전에 체포된 뒤 여자들은 광산경찰서 유치장으로, 운전을 맡았던 청년은 상무대로 끌려갔다. 총기를 소지하고 있었으므로 당신은 여대생들과 따로 수감되었고 보안부대로 이송되었다. (p.169)

상무대는 원래 군사시설이다. '무용(武勇)을 숭상하는 배움의 터전'이라는 뜻을 가진 군사 교육 및 훈련시설이지만 5.18 항쟁 중에는 그 이름에 걸맞지 않은 용도로 쓰였다. 당시의 상무대는 계엄군의 주요 회의가 열린 곳이자 시민수습위원들이 계엄군과 협상을 벌인 곳이며, 항쟁에 참여한 3천여 명의 시민이 끌려와 무자비한 고문과 구타를 당한 곳이다. 비록 상무지구 택지개발에 따라서 당시의 상무대는 없어지고 지금은 거대한 주거 상업 단지가 되었지만, 그날의 기억을 잊지 않기 위하여 약 100m 떨어진 곳에 상무대 법정과 영창을 원형 복원한 5.18 자유공원이 만들어졌다.

지도만 봤을 때는 동상과 기념비가 있는 소담한 공원 정도로 상상했었다. 하지만 그 안쪽으로 들어가니 공원의 절반을 가르는 철조망 너머로 당시 상무대를 복원한 건물이 보였다. 너른 잔디밭 위 단층 건물이 몇 동 있을 뿐이지만, 입구 바로 앞에 총과 진압봉을 든 계엄군에게 끌려가는 시민을 재현한 동상의 모습 때문에 벌써 발걸음이 주춤거렸다. 전시관으로 들어가는 마음이 무겁기만 했다. 전시관은 당시 상무대의 배치를 따라 헌병대 내무반, 사무실, 창고, 식기 세척장, 식당, 목욕탕, 면회실, 영창, 법원으로 이어진다. 각 건물에 들어서면 계엄군의 생활 모습은 물론이고, 끌려온 시민이 어떤 상황을 겪었을지 한눈에 볼 수 있다.

광주의 여러 장소에서 5.18을 기억하고 증언하는 자료를 보았지만, 이곳은 사진과 영상 등의 자료가 매우 상세하고, 특히 그 공간에서 어떤 행위가 이루어졌는지가 모형으로 재현되어 있어서 광주 시민이 겪은 고통이 더욱더 생생하게 다가온다. 그동안 광주 민주화 운동을 그린 영화를 보며 폭력적이고 잔혹한 장면들은 극적인 연출일 거로 생각했는데, 당시의 사진 자료들은 영화 속 장면을 그대로 담고 있었다. 너무 잔혹하여 현실이라고는 생각도 하지 않았던 장면들이 사실은 현실을 재연한 것이었다니. 현실이 극보다 더 잔혹하다.

상무대 영창은 자유공원에서도 가장 안쪽에 별도의 담장으로 둘러쳐져서 아직도 밀랍으로 된 군인이 지키고 있다. 영창 건물로 들어가면 여섯 개의 철창문으로 둘러싸인 기이한 장면을 목격하게 된다. 반원형의 건물이 부채꼴로 6개의 방으로 나뉘어있기 때문이다. 이상한 모양이라고 생각하는 순간, 책에서 얘기했던 "철창살로 막힌 다섯 개의 방들이 부채꼴로 펼쳐져 있었고, 총을 멘 군인들이 중앙에서 우리를 감시했습니다."라던 문장이 생각났다. 방의 개수가 5개와 6개로 서로 일치하지 않는 것은 책이 틀렸는지, 복원이 잘못된 것인지 모르겠지만. 어쨌든 부채꼴이라는 이 기이한 형태는 소수 사람이 많은 사람을 한눈에 감시하기 위한 구조구나 싶다. 그 구조는 잔인하게 효율적이지만, 수용인원에는 한계가 있었다. 원래 건물의 용도가 영창이었기 때문에, 체포된 시민 모두를 수용하기엔 매우 좁았을 거다. 수많은 시민이 그 안에 욱여넣어지듯 수용되어 있었다. 마지막까지 도청을 사수하기 위해서 투항했던 시민은 여기 영창에 갇혀 통증, 배고픔, 갈증, 피로에 시달렸다. 하지만 시키는 대로 정좌를 하고 정면의 철창을 바라보며, 각종 고문이 자행되었던 조사실로 불려 가기만을 기다릴 수밖에 없었다.

  각 전시실을 돌아보면서 점점 더 한기가 올라와 몸이 떨릴 정도에 이르렀다. 하지만 이 떨림이 추위 때문인지, 두려움 때문인지, 아니면 분노 때문인지 구분할 수 없었다.
  이해가 안 된다. 이미 권력을 가지고 있었는데 굳이 그토록 잔인한 학살을 벌이고, 엄격하게 언론을 탄압할 이유가 있었을까. 이에 대한 답은 신군부가 다시 정권을 잡은 배경에서 찾아야 한다. 전두환은 스스로 잘 알고 있었을 것이다. 자신이 정권을 잡은 방식이 정당하다고 주장할 수가 없었다. 부당함을 아는 국민은 가만히 있지 않았다. 군사 독재 유신이 사라지고 이제야 좀 민주주의에 다가서나 했는데 갑자기 뜬금없이 군사적 쿠데타, 즉 민주적 절차를 밟지 않은 정권교체에 당시 국민이 느끼는 상실감은 매우 깊었다. 국민의 민주주의에 대한 열망은 더 커졌다. 국민은 독재자가 물러나고 민주주의가 실현되기를 원했다.

영창 모형을 보면 책에서 말한 "철창살로 막힌 다섯 개의 방들이 부채꼴로 펼쳐져 있었고, 총을 멘 군인들이 중앙에서 우리를 감시했습니다."라는 구조가 이해된다.

하지만 전두환의 생각은 달랐다. 어떻게 얻은 권력인데 내주고 싶었겠는가. 특히 자신들도 여전히 1979년 12월 12일에 일으킨 쿠데타 상태였기에, 시위 때문에 그 쿠데타가 실패하게 되면 자신들의 목숨도 부지하기 어려웠을 것이다. 그래서 시위 초반부터 아주 강경하게 진압하고, 그들을 더 철저하게 짓밟고자 했다. 민주화 운동의 불씨를 아예 차단하려 했다. 이 때문에 광주에서 많은 시민이 억울하고 참담하게 희생당했다. 민주화를 꿈꾸던 사람들은 물론이고, 평범한 일상까지 공포로 뒤덮이고 말았다.

군은 폭력을 비밀로 덮기 위하여 철저한 여론 조작에 나선다. 보도를 막으면서도, 모든 것이 북한의 사주이며 남침 간첩의 폭동이라고 보도했다. 처음에는 이런 은폐 시도가 성공한 것처럼 보였지만, 7년 후 결국 진상이 규명된다. 학생운동권, 종교계, 노동계에서 그 진실을 요구하는 목소리가 계속 이어졌기 때문이다.

책의 6장에서 현재를 사는 선주는 광주 민주화 항쟁을 다루는 논문에 쓸 수 있도록, 항쟁 당시와 그 이후의 고문 과정에 대해서 증언을 해달라고 요청받는다. 막연한 두려움에 주저하는 그녀에게 논문의 저자는 "저는 그 폭력의 경험을, 열흘이란 짧은 항쟁 기간으로 국한할 수 없다고 생각합니다. 체르노빌의 피폭이 지나간 것이 아니라 몇십 년에 걸쳐 계속되고 있는 것과 같습니다."라고 말하며 증언을 해달라고 한다. 이 요청은 마음은 울리지만, 한 가지 간과한 점이 있다. 광주 민주화 항쟁의 상처와 두려움은 시간만을 통해서 퍼지지 않았다. 같은 시대에 공간을 통해서도 퍼져 나갔다.

같은 시대, 원주까지 퍼져 나간 공포

신군부가 민주화를 열망하는 사람들을 탄압했던 사건들, 그리고 그에 따른 희생은 한 지역에 국한되지 않았다. 전두환이 정권을 잡은 시기의 원주를 배경으로 한 소설 『차남들의 세계사』를 보면, 국가의 권력에 의해 평범한 시민들이 희생된 사건이 비단 광주에서만 일어난 것이 아님을 알 수 있다. 작가는 첫 몇 페이지를 광주 민주화 항쟁을 암시하면서 그 이후에 수많은 사람이 죄없이 체포되었고, 어디에 사는 누구라도 자신의 삶이 송두리째 파괴되는 피해자가 될 수 있음을 설명하는 데 할애했다.

> 그 말인즉슨 나복만에게 일어났던 운 없는 사건들이 당신에게도, 나에게도 연속적으로 벌어진다면, 당신도, 나도, 그 누구도, 별수 없이 나복만이 될 수밖에 없다는 소리이다. (중략) 예상치 못한 사건에 우연히 휘말린 한 사람이, 그로 인해 자신의 신분과 정체성마저 모두 잃어버리는 것이 누아르의 기본 뼈대 아니던가? (중략) 실제로 한반도 남부의 한 도시에서는 시민들이 경찰서와 관공서를 모두 점거하여 그의 '영(令)'이 제대로 서지 않는 지경에까지 이르렀다.(시민들은 대놓고 "전두환은 물러가라."고 아침부터 저녁까지 외쳐 댔다. 그래서 우리의 누아르 주인공은 군대까지 동원해서 시민들을 모두 체

포하기에 이르렀는데(수사관은 늘 체포부터 먼저 한다. 죄는 그다음
이다.) 거기에서 한 가지 문제가 발생한 것이다. (중략) 수사하다가
대통령이 된 우리의 독재자는 개 버릇 남 못 주고 계속 수사와 체포
로 한 나라를 통치하기 시작했다. 그러니까 국정 목표가 수사였고,
국정 지표가 체포였던 것이다. 1980년 8월부터 1981년 1월 사이,
우리의 누아르 주인공이 영장 없이 체포한 사람은 모두 6만 755명
이었다. (p.12-14)

『차남들의 세계사』라는 제목만 보자면 역사적으로 유명했던 차남들
이 어떤 야욕을 품었으며 어떤 식으로 시대에 영향을 끼쳤나를 다룬 책
이라고 생각하기 쉽다. 하지만 예상했던 바와 다르게 이 책은 1980년
대, 전두환이 정권을 잡은 시대를 배경으로 하는 소설이다. 오히려 그
시대적 배경보다는 계속 "무얼 하며 들어보아라."라는 특이한 문체와
웃픈 내용만이 기억에 남는다. 게다가 시대의 특성에도 불구하고, 뜻밖
에 광주가 아니라 강원도 원주가 배경이다. 이 책 역시 작가가 원주 출
신이라 그런지 책의 공간적 배경인 원주 시내가 상세하게 묘사되어 있
다. 『차남들의 세계사』는 원주에서 택시 기사를 하며 살던 한 남자가 우
연히 부산 미국문화원 방화 사건에 휘말리면서 평생을 도망 다니며 수
배범으로 살게 되는 과정을 다룬 이야기이다. 그래서 책으로 출간되기
이전에 「수배의 힘」이라는 제목으로 계간지에 실렸었다.

　책을 넘긴 지 얼마 안 되어 한 사건을 먼저 접하게 되는데 그것은 원주
지역의 사건이 아니라 부산에서 일어난 미국 문화원 방화사건이다. 이
사건은 이 책의 주인공인 나복만이 왜 긴 수배 생활을 시작하게 되었는

지에 대한 실마리이자 이 책의 주 무대를 왜 원주로 설정했을까에 대한 의문을 푸는 열쇠가 될 수 있다.

부산 미국문화원 방화 사건은 당대 엄청난 충격을 불러일으킨 사건이었다. 문화원 1층의 도서실을 모두 불태우고 세 명이 중화상을 입었으며 한 명이 사망했다. 어린 대학생끼리 이런 엄청난 일을 실행한 데에는 이유가 분명 있었을 것이다. 그들은 민주주의에 대한 열망이 가득했고 진실을 알려야 한다고 생각했다. 그 진실은 1980년 5월에 일어났던 광주 민주화 운동에 관한 것이었다. 모두가 쉬쉬하던 광주 학살의 진상을 문부식과 김은숙, 그리고 그 후배들은 입에서 입으로 전해 듣게 된다. 그들은 계엄군의 유혈 진압을 묵인하고 방조한 미국에 대해 분노하고 이에 관한 책임을 묻고 싶어 했다. 게다가 1981년 취임한 미국의 대통령 레이건이 전두환을 지지한 일, 광주에 군대 파견을 승인한 사람으로 알려졌었던 위컴이 한국인을 쥐에 비유하며 모욕한 일들이 일어나면서 미국에 대한 반감은 더 커져만 갔다. 그러던 도중 1980년 12월에 있었던 광주 미국문화원 방화사건도 알게 되었다. 문부식은 김현장을 만나 부산지역에서 광주 미국문화원 방화사건과 같은 영향력이 큰 사건을 도모해야 한다는 데 의견을 함께 모으고 부산 미국문화원에 불을 질렀다.

하지만 이 사건 때문에 무고한 희생자가 나왔고 생각보다 엄청난 결과가 벌어졌다. 언론에서는 이 사건을 간첩이나 불순분자의 소행으로 몰아붙였고 그들에게는 수배령이 떨어졌다. 문부식과 김은숙은 원주에 있는 가톨릭 교육원으로 피신하여 최기식 신부를 만났다. 그 후 교회의 주선으로 자수했지만 거기서 끝나지 않았다. 수사 당국은 관련자를 찾아 소탕한다는 명분으로 검거 폭풍이 내려졌다. 이러한 시대적 상황에서 원주를 배경으로 소설의 이야기가 펼쳐진다.

특히, 원주는 재미있는 위치에 있다. 강원도의 가장 남서쪽에 있어서, 경기도, 충청북도와 각각 한 쪽 면씩 맞붙어 있다. 서울에서도 1시간 30분 정도면 운전해서 갈 수 있을 정도로 가깝다. 그렇다 보니 흔히 생각하는 강원도 사투리도 거의 쓰지 않는다. 친구와 알고 지낸 지 한참 후에야 원주 출신이라는 듣고 왜 강원도 사투리 안 쓰느냐고 신기해했더니 원주 지도를 찾아보라고 혼내더라.

이런 지역적 특색 덕분에 원주는 일찍이 강원도의 명실상부 최대의 도시로 성장했다. 1950년대부터 이미 토지구획정리사업에 의해서 중앙동, 개운동 등의 동네부터 시작해 원주천을 따라서 개발이 이루어졌다. 원주천은 원주를 남북으로 가로지르는 강인데, 당시에 개발된 원주천 주변 지역은 아직도 원주 전체의 중심지역이다. 『차남들의 세계사』 속 대부분의 사건도 이 지역에서 벌어진다. 강을 따라서 남쪽에서 북쪽으로 이동하면 책 속의 사건을 하나하나 빠짐없이 쫓을 수 있다.

중앙시장 소고기골목

원주경찰서

원동성당

마지막으로 본 전봇대
(남부시장 사거리)

정과장 거주지
(개운동)

원주천

자전거 사고치
(원주의료원 사거리)

나복만 신혼집
(단구동 172-12)

책 속의 사건을 하나하나 빠짐없이 쫓고 싶다면,
원주천을 따라 남쪽에서 북쪽으로 이동하면 된다.

원주시 단구동 172-12번지, 나복만 하우스

이 책의 주인공 나복만을 만나보자. 나복만은 전두환 군사 정권 시절, 국가의 폭력에 희생당한 무고한 사람이다. 그 당시, 전두환과 정치군인들은 국가보안법을 국가안보보다는 자신들의 권력을 유지하기 위한 수단으로 사용했고, 이 때문에 많은 국민의 인권이 침해당했다. 아무 연관성도 없고, 죄가 없는 사람들에게 공산주의 사상을 옹호했다거나 공산주의자의 활동을 긍정적으로 받아들였다는 이유를 갖다 대며 국가보안법으로 죄를 만든 후, 취조의 과정에서 죄를 인정하지 않으면 무자비한 고문을 가하곤 했었다. 많은 사건이 조작되었고 많은 피해자가 나왔다.

나복만도 이러한 피해자 중 한 사람이다. 고아로 자라난 나복만은 교회 목사 부인의 소개로 만난 김순희와 데이트를 하고 있었다. 항상 마음이 앞서는 나복만과 달리 김순희는 차갑게 대응하지만, 어느 날 갑자기 나복만이 전문직이 되면 동거를 하겠다고 한다.

나복만이 원했던 건 그저 손잡고 뽀뽀하는 거였는데 느닷없이 동거 얘기를 꺼내다니 누가 더 성급한가 싶기도 하지만, 나복만도 그 기회를 놓치지 않고 얼른 운전면허 학원에 등록한다. 많은 시도 끝에 편법을 동원하여 겨우 면허를 따고 택시 회사에 취업한 다음 달, 두 사람은 마침내 함께 살게 되었다. 아침마다 김순희가 세차해주면, 나복만은 그 택시를 운전하면서 평범한 일상을 지내고 있었다.

그 다음 달 바로 김순희와 함께 회사 근처에 있는 불란서 주택 내
네 평짜리 단칸방을 얻어 동거에 들어갔다. 나복만이 김순희와 키스
를 한 것도 그때가 처음이었다. (p.36)

불란서가 프랑스를 뜻한다는 것까지는 아는데, 불란서 주택은 또 뭐
람. 양쪽 기울기가 다른 팔(八)자 모양 경사 지붕을 가진 2층 주택이고,
콘크리트 난간이 달린 발코니가 돌출되어 있다면 그 집이 바로 불란서
주택이란다. 특히 이전의 한옥과 달리 보일러를 갖추고 부엌이나 화장
실이 입식이었기 때문에, 1970년대를 휩쓴 부유한 도시 생활의 상징이

나복만의 집으로 짐작되는 곳을 찾아가니, 그의 공간마저 뒤바뀌어 있었다.

읽을지도,
그러다 떠날지도

었다. 비록 단칸방이었지만, 부인과 함께 그런 집에서 살기 시작했을 때는 나복만도 제법 성공한 기분이었으려나.

하지만 소설 속에서 나복만이 살았던 것으로 나오는 동네를 지금 찾아가면 안타깝게도 그 집을 찾아볼 수는 없다. 나복만이 원주시 단구동 172-12에 살았다고 하는데, 그런 주소는 존재하지도 않을뿐더러 근처라고 짐작되는 곳을 찾아가니 한산한 상가 건물만 몇 채 있을 뿐이다. 원래 실존하지 않는 주소였기 때문인 듯 하지만, 사소한 사고로 순식간에 뒤바뀐 나복만의 삶처럼 그가 살던 공간마저 뒤바뀌어 버린 듯해서 괜히 서운하다.

일어나지 않았으면 좋았을 자전거 사고

어느 날 새벽, 나복만은 운전을 하다가 사소한 접촉사고를 낸다. 그는 도로교통법 위반이라 생각하고 자수를 하러 갔다. 하지만 경찰이 나복만의 이름을 실수로 부산 미국문화원 방화사건의 주동자를 도운 사람의 목록에 올려 버림으로써 나복만은 보안법 위반에 휘말리게 된다. 아니, 아무리 인간사 한 치 앞도 모른다지만 어떻게 사소한 접촉사고에서 국가보안법 위반으로 일이 커질 수 있지. 일이 꼬이려면 사소한 데서부터 꼬일 수도 있나 보다.

도대체 어디서부터 꼬이게 된 건지 나복만이 교통사고를 낸 장소부터 자세히 알아봐야 한다. 보통 큰일이 발생하면 과거를 되짚어보게 되지 않은가. 이 일만 일어나지 않았더라면, 내가 이 행동만 하지 않았더라면 등의 후회를 한 번쯤은 해봤을 것이다. 나복만의 이야기를 읽다 보면 '교통사고만 안 일어났더라면' 하고 간절히 바라게 될 정도로 엄청나게 안타까운 운명이 그에게 펼쳐진다.

여태껏 신호 위반도, 속도위반도, 주차위반도 하지 않았던 나복만이지만, 원주 의료원 사거리에서 좌회전을 하려다가 어떤 소년이 탄 자전거와 부딪친 것이다. 나복만이 다가가 괜찮냐고 물어봤지만, 길에 넘어졌던 소년은 신문 더미를 짐칸에 싣고 절뚝거리며 사라졌다. 그리고 아무 일도 일어나지 않았다.

사고가 나기 전,
원주 의료원 사거리에서 좌회전하려던 나복만은 딱 이런 장면을 보고 있었을 것이다.

겉으로는 말이다. 사거리 모두 8차선대로인데 차 한 대 없었고, 주택가가 아니므로 본 사람이 없을 것이다. 어지간한 사람이라면 '다친 사람이 없고, 아무도 못 봤으니 다행이다. 다음부터 조심해야지' 하고 넘어갈 것이다. 하지만 나복만은 그런 사람이 못 된다. 무언가 이상한 일이 나복만의 내부에서 일어났다.

　원주중학교에서 우산동 시외버스 터미널까지 가는 길은, 그때까지만 해도 거의 직선으로 연결되어 있었다. 따로 코너를 돌거나 우회하는 일 없이 시내를 관통하는 길을 따라 곧장 나아가다가, 우산동 삼거리에서 좌회전을 하면 거기가 바로 터미널이었다.

차도 밀리지 않았고 신호등도 몇 번 걸리지 않아, 나복만의 택시는 출발한 지 20분이 조금 지나 우산동 삼거리에 도착할 수 있었다. 한데 거기에서 문제가 생긴 것이다. 화살표 좌회전 신호를 받고 핸들을 꺾으려던 나복만은 무언가 다시 물컹거리는 것이 타이어에 와 닿는 것을 느끼고, 황급히 브레이크 페달을 밟고 말았다. (p.26)

교통사고가 난 후 그는 이상한 트라우마가 생겼다. 좌회전할 때마다 물컹한 게 느껴져 좌회전을 하지 못하게 된 것이다. 일명 좌회전 트라우마라 할 수 있는데 위에 언급된 책의 묘사 장면만 읽었을 때는 그저 나복만이 좌회전을 못 하나 보다는 생각이 든다. 그런데 책에 나온 대로 원주중학교에서 출발해서 손님이 가려고 했던 우산동 시외버스 터미널(현재는 단계동 쪽으로 이전하였다.)을 넘어, 결국 손님을 내려준 태장동 학다리를 지도에서 짚어가다 보면 "아이고, 나복만은 다음 교차로에서도, 그다음 교차로에서도, 정말 좌회전을 못 했잖아!"라는 탄식이 나온다. 원주천이 원주 도심을 남쪽에서 북쪽으로 가로지르기 때문에, 원주 시내 주요 도로는 원주천과 같은 방향으로 나란히 쭉 뻗어 있다. 자전거 사고 이후 태운 첫 손님이 마침 원주중학교에서 타서 시외버스터미널로 가자고 했으니, 동남쪽에서 북서쪽으로 쭉 따라서 달리다가 마지막에 한 번만 좌회전하면 된다. 하지만 나복만은 거기서도, 그다음 교차로에서도 좌회전을 못 해서, 결국 1㎞ 넘게 직진만 하다가 목적지와는 전혀 무관한 곳에 그냥 손님을 내려준다. 그러니 나복만 본인은 얼마나 답답하고, 죄 없는 손님은 얼마나 화가 났을까.

좌회전을 못 하는 택시 기사님을 만났다고 상상해보라. 여러분은 익숙한 동네에서 늘 타던 대로 택시를 탔고 자신 있게 익히 알고 있는 장소를 외쳤다. 그런데 기사님이 좌회전해야 하는 타이밍에 계속 직진을 하신다. 우연이 아니다. 계속 그러신다. 미터기의 요금은 계속 올라가는데 당최 좌회전을 한 번도 하지 않으신다. 도대체 왜 좌회전을 안 하시지 궁금하기도 하지만, 그 전에 요금 때문에 속이 있는 대로 타들어 갈 것이다.

나복만의 택시를 탄, 원주 시내를 잘 알고 있었던 손님도 비슷한 마음이었으리라. 만약 그 지역의 지리를 잘 모르는 사람이었다면 좌회전을 왜 안 하는지에 대한 궁금증도 없고 올라가는 요금에 대한 조바심도 없었을 것이다. 책도 마찬가지다. 그냥 책만 읽을 때는 그 지역의 지리를 잘 모르기 때문에 궁금증조차 일어나지 않는다. 원주 시내의 장소들이 익숙하지 않기 때문에 동선이 잘 그려지지 않으며 '그냥 좌회전을 못 했나 보다' 하고 스쳐 지나가기 쉽다. 하지만 지도를 통해서 문자로 쓰여 있던 동선이 공간적으로 한눈에 파악이 되면, 내용도 훨씬 쉽게 이해되고 주인공의 상황과 심리에 훨씬 더 가까이 다가갈 수 있게 된다. 택시 손님이 처음에는 왜 좌회전을 안 하느냐고 다그치다가 이내 겁에 질려서 허겁지겁 내리는 심정이 이해된다.

어리숙하고 순수한 나복민은 좌회전을 못 하는 증상의 원인이었을 양심 때문에 원주경찰서에 자수하러 간다. 하지만 교통과가 아니라 정보과로 들어간 점, 하필 이야기를 듣기 귀찮아하는 경찰관에게 자신의 이름과 회사명, 생년월일 등을 적어주고 나온 점, 그 종이가 또 하필 부산 미국문화원 방화사건의 주동자를 도운 사람의 명단 속에 끼게 된 점이 나복만의 인생을 심하게 꼬아 버린다. 덧붙여 범인 만들기가 쉬웠던 시대적 상황과 여러 가지 우연이 계속 겹치면서 나복만의 인생이 제대로

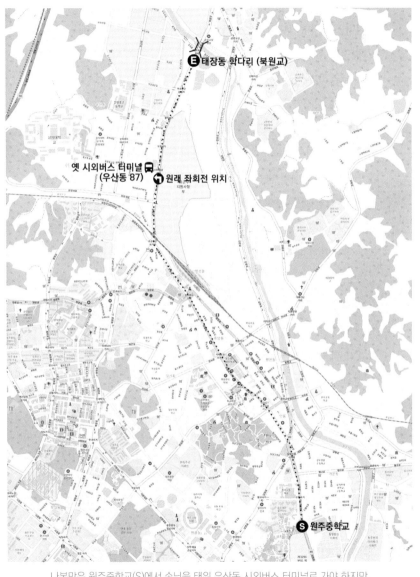

E 태장동 학다리 (북원교)

옛 시외버스 터미널
(우산동 87)

원래 좌회전 위치

S 원주중학교

나복만은 원주중학교(S)에서 손님을 태워 우산동 시외버스 터미널로 가야 하지만,
좌회전을 못하고, 못 하고, 또 못 해서 태장동 학다리(E)에서 겨우 내려준다.

꼬인 것이다. 그저 자전거 사고를 자수하러 갔을 뿐인데, 나복만은 어느새 국가보안법 위반자 명단에 올라있었다.

그렇지만 나복만은 나복만 나름대로 이 상황을 벗어나기 위해 노력한다. 물론 그게 상황을 더 힘들게 만들어버리니 문제지만 말이다. 일을 더 크게 꼬이게 한 인물로 오지랖이 넓은 박병철을 빼놓을 수 없다. 박병철만 가만히 있었어도 나복만의 운명은 그렇게까지 꼬이지 않았을 텐데. 그는 나복만이 다니는 택시 회사의 동료인데 나복만을 도와준다는 명목으로 여러 가지를 캐고 다닌다. 그 과정에서 우연히 발견한 초등학생의 일기를 난수표라고 한다거나, 나복만과 전혀 상관도 없는 지학순 주교와 관계가 있다는 생각을 나복만에게 주입한다. 바보같이 순수한 나복만은 터무니 없는 박병철의 말을 그대로 믿어버렸다. 그래서 나중에 문제의 일기장을 되찾자, 경찰에 신고해야겠다고 결심한다.

원주 민주화 운동의 상징, 원동성당

답답이 나복만은 경찰서에 신고하러 가는 길에 원동성당에 들러 지학순 주교를 만나고자 했다. 도대체 지학순 주교가 누구길래 경찰서에 신고하러 오기 전 굳이 만나려 하였을까. 지학순 주교는 유신 헌법 무효를 주장하는 양심선언으로 인해 징역 15년을 선고받았는데 이때 천주교 정의구현전국사제단이 나서서 지학순 주교의 석방을 요구했다고 한다. 석방된 이후에도 그는 인권운동과 민주화 운동 등 사회정의를 실현하기 위해 큰 노력을 기울였다 하니 그 당시 당연히 민주주의의 상징성을 띠는 인물이었을 것이다. 부산 미국문화원 방화사건의 주동자들도 지학순 주교를 만나기 위해 원주로 도피하지 않았는가. 그러니 그 시대에 지학순 주교를 찾아간 것은 이유를 떠나 그 자체가 위험하다고 볼 수 있다. 결과적으로는 더 오해받고 궁지에 몰릴 상황을 스스로 만들어 낸 것이다. 굳이 왜 찾아간 것인지 이상하고 이해가 되질 않는다. 책에서도 같은 마음을 표현하고 있는데, 그 마음을 지도에서 짚다 보니 그래도 이제 좌회전은 할 수 있었나보다 싶다.

한데, 한 가지 이상하고 이해되지 않는 점은, 나복만이 원주경찰서에 들어가기 바로 직전, 원동성당으로 지학순 주교를 찾아갔다는 점이다. 물론 원동성당이 원주경찰로 가는 로터리 바로 옆에 위

*치해 있다고는 해도 말이다. (그러니까 왼쪽으로 핸들을 돌리면 원
동성당, 오른쪽으로 틀면 원주경찰서로 향하는 쌍다리 입구이다.)*

(p.136)

성당으로 향하는 나복만의 마음은 도대체 어땠을까? 자신에게 닥칠
암울한 미래를 전혀 예상할 수 없었을 것이다. 우리가 소설을 읽을 때
주인공의 마음에 공감하고 처지를 이해할 수는 있지만, 소설 속으로 실
제로 들어가 주인공을 만난다거나 그 시대로 다시 돌아간다는 것은 머
릿속에서나 가능한 일이다. 그나마 직접 할 수 있는 일은 소설 속에 나
오는 장소를 찾아가 보는 것이다.

"무슨 일로 오셨나요?"

누가 봐도 놀러 온 게 분명한 느낌이 풍기는 우리에게 원주 원동성당
에서 일하시는 분이 다가와 물으셨다.

"아, 저희는 독서 모임에서 왔는데요."

"독서 모임에서 왜 여기에 오셨는지… 저는 천주교 신자분이신 줄 알
았습니다."

"이 책의 배경을 찾아 돌아보고 있었습니다. 원주가 배경인 책입니다."

그제야 그분의 시선이 우리가 들고 있는 노란 표지의 책으로 옮겨졌다.

"『차남들의 세계사』라는 책인데 원동성당이 나오거든요."

'도대체 무슨 내용이기에 원동성당이 나오지?'라는 궁금함이 스치는
눈빛을 읽을 수 있었다.

사실 그분도 책의 내용이 궁금했던 것이지, 원동성당이 특별한 의미
가 있는 곳이라는 것은 알고 계시지 않았을까. 왜냐면 성당 입구에 "이
건물은 천주교 원주교구 주교좌 성당이다. 유신정권 시절 민주화 운동

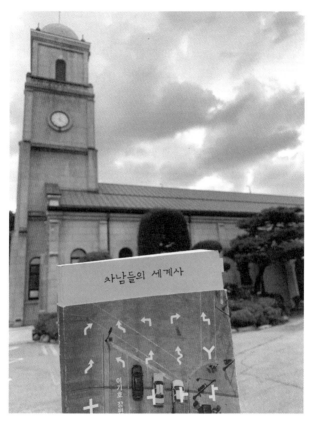

원동성당과 노란 표지의 책

에 한 획을 그은 지학순 주교가 '원주 선언'을 한 곳으로 원주 지역 민주화 운동의 상징이기도 하였다."는 팻말이 있기 때문이다. 조금만 주의를 기울이면, 살짝 비탈진 오르막길 위에 아늑하게 자리 잡은 건물이나 예쁜 종탑뿐 아니라 이 팻말도 쉽게 찾아볼 수 있다.

나복만은 자꾸 헛소리하는 박병철 때문에 자신과 지학순 주교 사이에 모종의 거래가 있었다는 오해를 확신처럼 품고 있었고, 이 '사실 아닌

사실'을 자수하기 전 사과를 하기 위하여 지학순 주교를 찾아간 것이다. 이 책에 따르면 지학순 주교는 그때 '한국 교회 사회 선교협의회'의 성명서 발표 파동 탓에 서울 대검찰청 청사에서 사흘째 조사를 받고 있었던 터라, 나복만은 지학순 주교 대신 보좌신부만 만날 수 있었다. 한참 횡설수설하다가 성당을 떠나기 전 "그래도 어쨌든 주교님은 원주에서 대표적으로 쫓기시는 몸이니… 제가 말한다고 해서…."라며 인사를 하고 떠난다. 어수룩한 나복만이 알고 있을 정도로 지학순 주교와 원동성당은 민주화 운동의 중심이었다.

안기부 소속의 정남운 과장, 하지만 그도 평범한 시민

차라리 원주 경찰서에 오기 전 마지막으로 찾아뵈려고 했던 지학순 주교를 만났더라면 일이 이렇게까지 되지는 않았을까? 그렇다면 최 형사와 곽영필 경정을 만나는 일도 없었을 텐데. 하지만 이상한 과정을 거쳐 곽영필 경정과 최 형사 그리고 나복만이 다시 만나게 되었다. 최 형사와 곽영필 경정은 나복만이 돈이 필요해서 일기로 협박한다고 생각했기 때문에 돈이나 몇 푼 쥐어 보내고 끝내려고 한다. 하지만 진짜 타이밍 나쁘게도 새로운 인물이 등장한다.

"그거 난수표 맞지 않습니까?" 하며 쓱 안기부 요원이 들어오더니, 그를 정남운 과장에게 끌고 간다. 나복만은 눈이 가려진 채 차에 태워진다. 하지만 나복만은 베테랑 택시 기사였고, 원주 도심은 원주천 방향만 기억한다면 그 위치를 쫓는 것이 그리 어렵지 않다. 덕분에 나복만이 앞을 볼 수는 없었지만, 자신이 어디로 향하는지 대충 알고 있었다.

나복만은 원주시 반곡동 소재의 한 동원 부대 정문 앞에 있던 오래된 2층짜리 회색 건물로 끌려갔다. 동네 사람들과 중국집 배달원들 사이에선 '안가'라고 불리던 바로 그곳. 안기부 원주 지부였다는 그곳. 책에 따르면 그곳의 공식적인 주소는 "강원도 원주시 반곡동 사서함 321번"이다. 하지만 이런 주소를 가진 곳은 없다. 그나마 가장 근접한 사서함 321-1번지의 현재 위치에는 아파트가 자리 잡고 있다. 안기부라고 생각했던 자리에 너무도 평범하게 주거 지역이 있어 의외라고 생각될지도 모른다. 안기부 원주지부를 찾을 수 있는 또 다른 단서인 '동원부대 정문 앞에 있는 건물'이라는 정보도 있다. 하지만 원주시 동원 예비군 훈련장은 책에 나온 위치와는 다른 곳에 있을뿐더러 그 앞에 건물조차도 확인할 수가 없다. 분명 안기부 원주지부가 반곡동 어디인가 위치했다는 건 알겠는데 짐작되는 위치만 있을 뿐 정확한 위치를 파악할 수는 없다.

그 이유는 안기부라는 기관의 특성 때문일 것이다. 5.16 군사 쿠데타 이후 국가 안전 보장에 관련되는 정보·보안 및 범죄 수사를 담당하기 위해 국가 정보기관인 중앙정보부가 설립되었고, 전두환 정권 때 안전기획부(줄여서 안기부)로 변경되었다. 현재는 국가정보원으로 존재한다. 국가 정보기관인 만큼 철저한 보안이 이뤄지는 곳이었다. 국가와 국민의 안전을 위해 긴박하거나 위험한 일들을 아무도 모르게 수행해야 하지만, 그 아무도 모르게 하는 일들이 자신들의 정치적 이익을 위해 국민을 잔혹하게 고문하고 죽음으로 내모는 일이었다는 게 참으로도 가슴 아프다. 그 당시 안기부는 많은 사람에게 공포를 심어주었으며 수많은 희생자를 만들어낸 곳이었다.

안기부 원주지부라는 말에서도 알 수 있듯이 안기부는 원주뿐만 아니라 다른 지역에도 존재했다. 서울에서는 서울유스호스텔 건물이 과거에 안기부 건물로 사용됐다. 보통 영화나 TV에서 고문 장면의 배경이 남영동이기 때문에 안기부 본부와 헷갈리기 쉽다. 그러나 남영동은 엄밀히 말하면 치안본부 대공보안분실이고 남영동 이외에도 고문하던 조사실은 여러 곳이 있었다.

과거 고문이 자행되던 안기부 조사실은 일반인의 접근이 힘든 서울 남산 깊숙한 곳에 있었다. 그래서 발견하기가 어려웠다. 게다가 발견한다고 하더라도 외부에서는 내부에서 무슨 일이 벌어지는지 모르게 평범하게 지어진 건물이었다. 철저하게 위치를 감추기 위해 그곳에 끌려간 사람들의 눈을 가렸다. 일단 눈이 가려지고 보이지 않는다는 건 엄청난 공포를 가져온다. 알 수 없음에서 오는 불안감과 두려움은 생각보다 크다. 이렇듯 안기부 건물이 어디에 있는지 몰랐기 때문에 사람들이 느끼는 공포가 더 심했을 것으로 생각한다. 나복만 역시 운전을 하던 감각으로 자신의 위치는 제대로 추측했지만, 특별한 것이 없는 곳이라고 생각했기에 더 불안해했다.

나복만은 그렇게 안기부 원주 지부로 끌려와서 3번 방에 갇힌다. 정남운 과장과 스포츠머리를 한 요원, 손등에 털이 많이 난 요원에 의해 모진 고문을 받고 그들이 원하는 진술서를 써야만 했다. 끝까지 진술서를 쓰지 않으려는 나복만에 무참히 주먹을 휘두르고 결국 나복만은 의식을 잃고 쓰러진다.

나복만을 그토록 모질게 고문한, 그리고 끝까지 자신이 원하는 방향으로 사건을 조작한 정남운은 도대체 어떤 사람일까? 매우 날카롭고 피도 눈물도 없을 거 같이 예민하게 생겨서는 무표정한 말투로 말하며 몸은 왠지 왜소할 거 같다고 상상의 나래를 펼쳐본다. 그러나 책에서는 외모에 대한 직접적인 묘사도 나오지 않을뿐더러 정남운의 성격에 대한 특별한 묘사도 없다. 그저 정말 평범한 사람이라고 이야기한다.

그는 살고 있는 동네에서도(정남운은 원주고등학교 앞 개운동 2층 슬라브 주택단지에 살았다.) 해외 출장이 잦은 무역회사에 근무

하는 '쌍둥이 아빠'로 통했는데, 명절 때마다 잊지 않고 가까운 이웃들에게 비누나 치약이 든 종합선물세트를 돌리기도 했고, 민방위 훈련이나 새마을운동에도 빠지지 않는, 모범적이고 예의 바른 시민이었다. 새마을금고에 따로 자녀 학자금 마련 적금을 붓고 있었고, 개운동 테니스 클럽 회원이기도 했으며, 단골 목욕탕에 개인 사물함까지 갖추고 있던, 평범하고 특색 없는 서른여섯 살의 옆집 아저씨 모습 그대로였다. (p.180)

원주고등학교 정문에서 큰길을 건너 골목으로 들어서면 어디에서나 볼 수 있는 주택단지가 펼쳐진다. 슬라브 주택이라고 해서 특별한 것인가 했는데, 지붕이 평평한 주택을 그렇게 부른다고 한다. 현재가 그 당시 모습과 다를 수도 있지만, 어쨌든 지금 보기에는 특별한 동네라는 생각은 전혀 들지 않는다. 정남운의 집은 우리가 흔히 볼 수 있는 주택가에 있었다. 너무 평범한 곳에 살고 있었던 평범한 아저씨 정남운. 그렇다. 정남운도 다른 곳에서는 그저 평범한 사람이었다. 그뿐 아니라 함께 나복만을 고문했던 스포츠 요원도, 손등에 털이 많이 난 요원도, 최 형사도 모두 평범한 사람이었다. 방금 골목길에서 스쳐 지나간 아저씨도 일터에서는 정남운처럼 잔인해질 수 있는 것일까. 심지어 정남운과 나복만은 기껏해야 대로변을 따라서 1㎞, 걸어서 20분이면 닿을 수 있는 가까운 곳에 사는 이웃이었는데.

안기부 제3번 방에 나복만이 머물러 있을 때 정남운에게 언제까지 여기 있어야 하냐는 질문을 한다. 그는 "나복만 씨가 진술서를 쓰지 않으면 끝이 안 나는 거라서요. 원래 여기가 그래요. 여기 사람들도 다 그것 때문에 월급 받아서 먹고사는 거라서… 나복만 씨한테 실수한 것도 다

정남운의 동네. 살벌한 정남운도 평범하고 특색 없는 주택가에 살았다.

그것 때문이거든요. 그 친구들도 나복만씨 진술서 못 받으면 여기서 그만 옷을 벗어야 하는 처지라….”라고 말해준다.

다들 지켜야 할 자신의 가정이 있고 명령에 준수했을 뿐이라는 말로 자신이 행한 일을 변명하는 사람들. 한나 아렌트는 2차 세계대전 나치 정권 아래 유대인 수송의 총 책임자였던 아이히만을 통해 ‘평범한 악’이라는 개념을 제시했다. 나치 전범 재판이 열렸을 때, 모두들 얼마나 악한 사람이길래 그렇게 잔혹한 방법으로 수많은 유대인을 학살했을까 궁금해했다. 하지만 그는 평범한 두 아이의 아버지였고 가정에 충실한 사람이었다. 그는 재판 과정에서 “나는 단지 맡은 업무에 충실했을 뿐이고 위에서 내려온 명령에 따랐을 뿐이다.”라고 말했다. 한나 아렌트는 이를 보고 악이라는 것은 평범한 곳에서 나온다며 악의 평범함을 주장했다. 광주 민주화 운동 당시에도 진압 과정에서 무자비한 탄압을 휘둘렀던 군인 중 일부는 본인들은 상부의 명령을 따랐을 뿐이라고 생각했을 것이다. 사실 악이라는 건 어쩌면 대단히 거창한 것이 아니라 평범한 사람들이 자신의 이익을 위해 무심히 행한 일들의 합일지도 모르겠다.

하늘을 저 혼자 떠받드는 전봇대

3번 방의 침대에서 겨우 정신을 차린 나복만에게 정남운은 책을 읽어주며 나복만을 구슬린다. 결국, 나복만은 자신이 그렇게나 지키고 싶었던 비밀을 털어놓는다. 그 말을 들은 정남운 과장은 "겨우 그런 것 때문이냐, 진작 말을 하지. 그러면 그 고생 안 해도 됐을 거 아니냐."라고 말하지만, 이 말을 한 것은 결정적 실수로 밝혀진다. 정남운 과장에게는 별거 아닌 일이었을지 몰라도, 나복만에게는 인생의 비밀이었다. 그래도 비밀을 밝힌 덕분에 정 과장은 고문은 그만두고, 나복만이 원동성당의 신부님에게 편지를 쓰게 한다. 그리고 그 편지를 직접 전달하도록 나복만을 데리고 밖으로 나선다.

나복만은 자신의 택시에 정남운 과장을 태우고 안기부 원주 지부가 있는 반곡동에서 원동성당으로 향한다. 그곳으로 가는 길은 원주천과 같은 방향으로 원주 도심을 관통한다. 담당 사건이 정리된다는 생각 때문에 들떴던 것인지 정 과장은 말이 많다. 두 사람을 태운 택시는 나복만의 집을 스치고, 정 과장 집 앞을 지난다. 아마 정 과장이 자신의 쌍둥이 아이들 이야기를 꺼낸 것도 자신의 집이 가까워져서였을 것이다. 하지만 자신의 집이 있는 원주고등학교 앞길을 막 지나치자 나복만의 비밀을 다시 언급하며, 슬쩍 비웃기까지 한다. 두 사람을 태운 택시가 일상적인 풍경을 따라 한 블록을 더 달려 남부시장 로터리에 막 진입했을 때, 나복만은 그 독한 고문은 견뎠지만 이 비웃음은 견디지 못하고 전봇대를 향해서 핸들을 오른쪽으로 홱 꺾는다. 자신의 결정적 말실수 때문에 정남운은 마지막으로 전봇대를 뒤로 한 채 목숨을 잃게 된 것이다.

나복만이 달린 길을 따라가다 보면 이거구나 싶은 전봇대를 찾을 수 있다. 이걸 보면 사고 장면을 훨씬 더 상상하기 쉬워진다. 4차선 사거리에서 반대 차선을 가로질러 전봇대를 들이박는다는 것은, 절대 우연한 사고일 수 없다.

나복만은 이 의도적인 사고를 낸 후, 골목 어딘가로 사라져 자신이 알던 모든 사람으로부터 영원히 도망친다. 그냥 전봇대일 뿐인데 사고의 순간 정남운의 눈에는 하늘을 떠받들 듯 비쳤다니, 그때의 정남운의 마음도 생각해보게 된다. 그 찰나에 눈앞에 전봇대 말고도 자신이 살아온 인생, 자신이 저질렀던 수많은 악행이 스쳐 지나갔겠지.

아마도 정남운이 마지막 순간에 보았을 전봇대

중앙시장 소고기 거리

『차남들의 세계사』의 내용에서는 중간에 등장하지만, 사건의 발생 순서대로 이야기를 재배치한다면, 마지막 방문 장소는 원주 중앙시장이다. 중앙시장에 있는 숯불갈비 집을 찾아가기 위해서다. 책을 읽을 때부터 유독 관심을 가지고 표시해두었던 걸 보면 고기 욕심 때문이려나. 나복만이 일부러 낸 교통사고 이후, 몇 년의 시간이 흐른 후 다른 지역에 살고 있던 김순희는 혼자서 원주를 찾아온다. 나복만이 처음 자수를 하려고 찾아갔던 최 형사를 만나기 위해서였다. 김순희가 몇 년 만에 나복만의 흔적을 찾기 위하여, 경찰을 그만두고 중앙시장에 숯불 고깃집을 차린 최 형사를 수소문해 찾아갔다. 하지만 안타깝게도 최 형사는 나복만을 기억하지 못한다.

> 부목사가 알아봐 준 '치악산 숯불갈비'는 중앙시장 오른쪽 다섯 번째 통로에 자리하고 있었다. 가운데 둥그런 구멍이 뚫린 테이블이 네 개 있고 한쪽엔 다다미를 깐 방이 있는, '이곳에 들어오는 모든 사람에게 평화'라는 액자가 정면 중앙에 걸려 있는 가게였다. (P.157)

실제 장소는 책에 나온 장소와 일치하지 않거나 변해 있을 수도 있기에, 떨리는 마음으로 원주 중앙시장의 다섯 번째 통로에 들어갔다. 다행히도 거기라고 짐작되는 곳에 숯불갈비 집이 있었다. 들어갈 때는 식욕에 눈이 멀어서 제대로 못 봤지만, 이 골목에 서면 수많은 숯불갈비 집 간판을 찾을 수 있다. 여기가 바로 소고기 골목이기 때문이다.

원주 중앙시장은 원래는 오일장이 서는 공간이었지만, 1970년에 2층으로 시장 건물이 지어졌다고 한다. 특히 2층의 경우에는 2015년에 '미로 예술시장'으로 재탄생했다. 그래서 2층에 올라가면 미로처럼 좁은 복도를 따라 작은 식당과 공방들이 이어진다. 하지만 1층의 원주 중앙시장은 여전히 재래시장의 역할을 하고 있고, 중앙광장을 제외하고 세었을 때 딱 다섯 번째 골목이 바로 소고기 골목이다.

맛있는 숯불갈비를 먹으니 야들야들한 갈비처럼 생각도 유연해진 듯

원주 중앙시장 1층 소고기 골목

하다. 이야기가 술술 나온다. 그동안 지도에 찍은 장소들, 실제 가본 곳, 나복만에게 벌어진 일들, 책에 나오는 인물들에 대해 많은 이야기를 나누었다. 다양한 질문도 쏟아져 나왔다.

나복만은 왜 그토록 모진 고문을 받으면서도 비밀을 끝까지 지키려 했을까. 왜 제목은 『차남들의 세계사』라 했을까. 그렇다면 도대체 장남은 누구인가. 우리가 그 시대에 살았더라면 어떤 행동을 취했을까. 역사적 사건을 어떤 관점으로 바라보아야 하는가. 역사적 사건을 통해 우리가 현재 적용해야 할 부분은 무엇일까.

소고기 파워를 더해도 어느 질문 하나 제대로 된 답을 할 수는 없었다.

공포의 일상화

국가적으로 거대한 사건이 있었을 때 그에 의한 영향력은 생각보다 훨씬 넓은 지역에까지 미친다. 우리가 광주에서만 겪었다고 생각하는 무자비한 탄압과 희생은 그 시대 광주 이외의 지역에서도 나타났다. 부산에서 일어났던 미국문화원 방화사건은 마치 나비효과처럼 퍼져 그 사건과 전혀 무관하게 원주에 살고 있던 나복만에게 영향을 미쳤다. 그리고 그의 평범한 인생을 망가뜨렸다. 광주에서 일어난 일처럼 엄청나게 폭력적인 사건만이 공포를 일으키는 것은 아니었다. 그 당시에는 특정 지역을 막론하고 우리나라 전체에 암묵적인 공포가 번져 있었다. 민주화가 되지 않은 상황에서 많은 사람의 기본권이 지켜지지 않았고, 많은 사람이 희생되었다. 민주화 항쟁을 겪은 당사자들의 아픔과 같다 할 수 없지만, 시대적인 아픔이었기에 그 시절을 살았던 모두가 겪었다. 강도와 형태가 조금씩 다를 수는 있지만, 그 시대에 살고 있던 많은 사람의 일상에 정치적인 두려움이 퍼져 있었다는 점은 같다. 겉으로는 평화로워 보이는 일상 속에 안기부가 이유도 없이 나를 쥐도 새도 모르게 잡아갈 수 있다는 생각이 늘 잠복하고 있었다. 이는 언제 어디서든 누구나 억울한 희생자가 될 수 있음을 뜻한다.

그 시대에 살고 있었더라면 우리는 어떤 마음이었을까. 우리도 나복만에게 일어난 일을 충분히 당할 수 있다고 생각한다. 어쩌면 형태만 바꿔

었지 현재에도 우리가 미처 모르는 평범한 악행이 주변 곳곳에 퍼져 있을지도 모른다. 상부에서 시키면 아무 생각 없이 순응하여 많은 사람에게 피해를 주는 정부 기관이나 기업의 모습, 책임을 면하기 위해 상부에서 시키는 대로 지시를 기다리다 많은 이들의 목숨을 잃게 한 사건, 자신의 도덕적 기준에 의해 판단하기보다는 아무 생각없이 따돌림에 동조하거나 방관하는 사람 등 사회 곳곳에 평범한 악이 자리 잡고 있다. 그 당시에도 미래에는 좀 더 나은 세상이 오지 않겠느냐고 긍정적으로 생각했겠지만, 나쁜 일은 여전히 반복되는 것 같아 씁쓸하다.

그때 그 시절, 개개인이 저지른 평범한 악행은 역사적으로 큰 사건 못지않게 두려움을 전국적으로 확산시키는 원인이 되었다. 물론 "시키는 대로만 했어요."가 면죄부가 될 수는 없다. 유신 시대의 가장 무서운 점이 바로 이것이다. 자신이 무엇을 잘못했는지 아는 죄와는 달리, 자신이 알지도 못하는 죄였기 때문에 하나의 두려움이 수십 가지의 두려움으로 연결되어 버렸다. 없는 죄가 만들어진 것이기 때문에 사건의 끝도 없어서 피해자는 "세상이 조금 달라졌지만, 그러나 변한 건 아무것도 없다."고 여전히 두려움에 목소리를 죽이고 있다. 또한 대부분 사람은 그들 모두가 일상 속에서 가해자였다는 사실도 깨닫지 못한 채, 아무일도 없었다는 듯 살아가고 있다.

소설 속 주인공 나복만은 부산 미국문화원 방화 사건에 참여자로 몰려 고문을 받고 고통을 겪은 피해자지만 지금까지도 바깥세상에 나오지 못하고 숨어 산다. 물론 소설 밖 현실에서도 이렇게 숨어 사는 '나복만'들이 여전히 존재할 것이다. 그들의 고통은 여전히 이어지고 있지만, 다행히 전두환 정권은 오래전에 끝이 났다. 그리고 전두환 정권의 시작에 5.18이 있었듯, 그 마지막 역시 5.18 민주화 항쟁과 관련이 있다.

1987년 5.18 명동성당 광주항쟁 7주년 미사에서 정의구현사제단 김승훈 신부가 어떤 사실을 폭로한다. 그해 1월에 박종철 군이 '턱 치니 억' 하고 사망했다고 보도했지만, 사실은 전기고문 및 물고문 때문이었으며 이 은폐 과정에 경찰 고위 간부가 연루되어있었다고 말이다. 이 폭로는 엄청난 반향을 불러일으켜서 경찰 간부 6명 추가 구속, 국무총리, 내무부장관, 검찰총장까지 경질되었다. 이것은 전두환 정권에 큰 흠집을 내고, 6월 항쟁의 불씨가 되었다. 1987년, 6월 항쟁에서는 학생들이 주축이었던 이전의 민주화 운동과 달리, 넥타이 부대라고 부르는 직장인을 포함한 남녀노소의 대단위 시민이 참여하여 더욱 확장된 형태의 민주화 의지를 보여주었다. 그 결과 우리는 다시 대통령 직선제를 통해 제도적인 민주주의를 획득하게 된다. 5.18은 전두환 정권의 부당함에 대한 반발로 시작되어 전두환 정권을 종결시키는 역할도 한 셈이다. 즉, 5.18 민주화 운동은 신군부 쿠데타의 시작과 끝에 있었다.

책을 따라 떠나는 여행은 서울에서 시작하여 광주, 원주로 이어졌지만, 그 끝은 다시 일상이다. 광주와 원주. 각각 1박 2일 정도의 길지 않은 일정이었고, 우리는 언제 그곳에 갔었느냐는 듯이 바쁜 하루하루로 돌아왔다. 그러나 돌아온 일상의 공간은 조금 낯설게 보인다. 너무나도 평범한 풍경이 당연하지 않을 수 있다는 것을 엿보았기 때문일까.

광주와 원주로 이어지는 길을 걸으며 계속 품고 있던 궁금증을 부모님께 여쭤보았다. 그 당시에 광주 사건에 대해서 정말 모르셨느냐고 말이다. 당시 부모님은 뉴스에서 "북한에서 온 남파간첩이 광주에서 무장폭동을 일으켰다."라고 보도해서 그런가 보다 생각하셨다고 했다. 아니, 그걸 순진하게 그대로 믿으셨다고요? 부모님은 눈을 동그랗게 뜨며

믿을 수밖에 없었다고 항변하셨다. 1980년도에는 뉴스에 나온 것을 진짜인지 사건의 사실 여부를 확인할 방법이 없었다고 말이다. 당시의 보도내용을 보면서 조금 이상하다는 느낌은 있었지만, 이내 잊어버렸다고 하셨다. 약 7년이 흐른 후, 1987년에야 사건의 진상이 하나씩 공개되었고, 부모님은 그제야 1980년에 벌어졌던 일을 이해할 수 있었다.

과연 그 시대에 살았다면 개개인이 뉴스에서 하는 말을 믿지 않고 진실이 무엇인지 제대로 알려고 노력할 수 있었을까? 진실을 알기 위한 노력은커녕, 오히려 뒤늦게 밝혀진 진상을 제대로 받아들이기도 어려웠을 것이다. 같은 정부가 몇 년 동안 폭동이라고 말하더니 갑자기 어느 날 폭동이 아니라고 말한다면, 오히려 더 혼란스럽지 않았을까. 그렇게 생각하니, 아직도 광주 민주화 항쟁을 광주 사태라고 우기는 사람들이 안쓰럽게 느껴진다. 그 시대를 살았던 모든 사람이 가졌던 혼란을 아직도 풀지 못하고 살고 있을 뿐이니까.

분명 책 속으로 떠나기 전에는 당시의 배경과 상황을 이해하지 못했다. 하지만 책, 지도 그리고 여행을 통해서 당시에 어떤 사건이 왜 생겼는지를 이해했고, 무엇보다 그 시대를 살았던 사람을 조금은 더 이해하게 된 것 같다. 5.18 민주화 운동은 벌써 약 40년 전에 일어났던 일이다. 하지만 그 사이에도 역사는 크고 작게 반복되는 중이다. 어떤 일들은 과거의 잘못을 그대로 답습하여 '대체 우리는 지나간 시간으로부터 무엇을 배운 걸까?' 싶은 예도 있다. 또 어떤 일들은 반복되는 와중에도 과거보다 성숙한 시각과 대처를 통해 조금 더 나은 결론을 만든 사건도 있다. 1980년대생인 우리는, 2016년의 대통령 탄핵 심판과 촛불 시위의 과정에서 과거와 아주 닮은 순간을 많이 만났다. 제도적인 민주화가 너무나도 당연한 시대에 태어났기에, 우리가 진정한 정치적 자유를 보장받기 위해서는 끊임없이 투쟁하고 노력해야 한다는 사실을 간과하고 있었던 것 같다.

　역사는 되풀이된다. 역사를 기억하고 과거의 잘못을 되풀이하지 않으려는 사람들의 노력은 어떤 방식으로든 이어질 것이다. 그것이 우리가 앞으로 더 많은 『소년이 온다』와 『차남들의 세계사』를 만나게 될 이유이다. 무심히 스쳐 지나갔던 공간마다 아주 긴 시간에 걸친 수많은 이야기가 층층이 쌓여있고, 지금 이 순간에도 쌓이고 있다. 물론 많은 이야기가 또 잊힐지도 모른다. 아니, 잊힐 것이다. 하지만 제대로 기록만 해둔다면, 언제든 누군가에 의해 다시 읽히고 해석될 거라 믿는다. 그 사실만으로도 지금, 이 순간의 이곳은 또 다른 의미로 다가온다.

제3장

프롤르 요구하는 사회에서

나만의 행복을 찾는 법

『삼미 슈퍼스타즈의 마지막 팬클럽』

『한국이 싫어서』

당신, 오늘, 여기서, 행복한가요?

"전 사는 게 너무 좋거든요."

어떤 대화를 하던 중인지는 모르겠다. 하지만 저 말을 하면서 씩 웃던 지인의 얼굴을 보며 얼마나 큰 충격을 받았는지는 생생히 기억한다. 다들 사는 게 힘들다고 말한다. 그나마 '삶'과 '좋다'는 단어를 함께 쓸 때는 "좋은 삶을 위해서 노력해요."라는 말이었다. '사는 것이 좋다'와 '좋은 삶을 산다'는 것은 순서만 바꾼 말장난 같지만, 그 느낌은 아주 다르다. '좋다'는 말에 여러 가지 뜻이 있기 때문이다.

'좋은 삶을 산다'는 말에서는 '성질이나 내용이 보통 이상이거나 우수하다'라는 뜻으로 쓰였다. 이에 반해 '사는 것이 좋다'는 말에서는 '마음에 드는 상태에 있다'라는 의미에 가깝다. 언어는 사람의 사고방식과 가치관에 깊숙이 침투하는 것이라, 지금의 삶을 마음에 들어 하려면 삶의 내용이 우수해져야 한다고 착각한다. 그래서 '사는 것이 좋다'고는 잘 말하지 않나 보다.

언어적 특성이 사고에 영향을 미치는 예는 또 있다. 바로 '행복'이라는 단어다. 행복을 한 글자 한 글자 뜯어보면 뜻하지 않은 좋은 운을 의미하는 '행(幸)'과 복을 의미하는 '복(福)'자로 이루어져 있다. 이 글자를 들여다보고 있으면, 복권에 당첨되는 것처럼 복된 좋은 운수가 찾아와야지만 행복해질 것 같다. 하지만 행복을 국어사전에서 찾아보면 마음이

가벼워진다. 사전에서는 행복을 '생활에서 충분한 만족과 기쁨을 느끼어 흐뭇함'으로 정의했다. 어쩐지 흡족하게 맛있는 떡볶이 한 접시만 먹어도 행복하다는 말이 절로 나오더라니.

조상님 말씀 틀린 거 하나 없다지만, 이번만큼은 아니다. 충분한 만족과 기쁨을 느끼어 흐뭇한 상태에다가 '행운과 복'처럼 거창한 한자를 조합한 건 좀 너무했다. 글자만 보면 떡볶이의 매콤함에서 느낀 행복이 진짜 행복이 아닌 것처럼 보이잖아. 아주 옛날에는 자연재해와 기근, 역병에 맞설 기술이 없었기 때문에 개인의 행복한 삶이 전적으로 운에 달려 있었다. 그러니 행복이라는 단어가 행운과 복의 합체가 되었다고 이해해 드려야 하나. 하지만 시대가 변하였고 단어의 뜻도 변하여 우리에게 행복한 삶은 자신의 삶에서 충분한 만족과 기쁨을 느끼는 것을 말한다.

행복은 결국, 자신의 좋고 싫음을 아는 데서 시작한다. 좋고 싫은 것도 특별히 없다고? 그렇다면 『삼미 슈퍼스타즈의 마지막 팬클럽』과 『한국이 싫어서』라는 소설을 한번 읽어보면 좋겠다. 이 두 책은 당장 제목에서부터 좋고 싫음을 명확하게 얘기한다. 하나는 싫다는 감정을 숨김없이 그대로 드러내고, 하나는 자신을 스스로 팬클럽이라고 칭하며 대놓고 좋아한다. 이렇게나 좋고 싫음을 확신할 수 있다니. 좋고 싫음을 알게 되면, 다음으로는 좋아하는 것을 쫓거나 싫어하는 것을 제거하는 방법으로 행복을 실현할 수 있다. 각 책의 주인공들은 각자의 방법으로 이를 직접 실천한다.

모두에게 프로가 되라고, 좋은 삶을 살아야 한다고 강요하는 한국 사회 속에서 『삼미 슈퍼스타즈의 마지막 팬클럽』과 『한국이 싫어서』의 주인공이 행복해지기 위해 선택한 방법은 무엇이었을까?

잠깐! 책을 읽기 전에 야구의 룰을 숙지해주세요!

행복해질 수 있는 비법을 담고 있는 책이라며 『삼미 슈퍼스타즈의 마지막 팬클럽』을 어지간히 추천하고 다녔지만, 항상 두 가지 당부 사항을 함께 알려줬었다.

첫째로 B급스러운 표현이다. 예를 들어서, 자신이 응원하는 팀이 너무 못하니 그 경기를 보던 팬이 마음이 상한 나머지, 자신의 눈에 흙을 뿌린다는 이야기가 자주 나온다. 아니, 아무리 소설이라지만 자기 눈에 흙을 뿌리는 사람이 어디 있느냐고. 또 갑자기 상상 속 인물이 여럿 튀어나와 큰 점수 차이로 지고 있는 경기가 사실은 매우 섬세한 계획에 따른 것이라고 대화하는 가상의 이야기가 몇 페이지 동안 이어지기도 한다. 상상력 자체는 나쁘지 않다만, 읽는 내내 머릿속에서 드는 생각은 딱 하나뿐이다. '얘네 뭐 하는 거지? 도대체 뭐라는 거야?' 하지만 너무 걱정할 필요는 없다. 그런 내용은 대충 건너뛰면서 읽으면 되니까.

이 책을 읽는 또 다른 어려움은 야구에 대한 기초적인 지식이 필요하다는 것이다. 물론 야구 관련 이야기마저 건너뛰어도 되겠지만, 그러기엔 야구 이야기가 너-어무 많이 나온다. 이 책을 조금 더 재미있게 읽기 위해서는 프로야구 운영 방식을 알아야 하고, 야구의 규칙도 알아야 한다.

"어제 야구 직관 갔어. 두산 홈이었는데 롯데한테 이겨서 포스트시즌

진출함! 대박이지?"

　야구팬이 아니라면 저런 말을 들었을 때 동공 지진을 일으킬 것이다. 야구는 다양한 경기가 있다. 일단 프로야구에서는 KBO리그(1군)와 KBO 퓨처스리그(2군)로 나뉘고, 고교야구나 사회인 야구처럼 아마추어 경기도 많다. 그래도 흔히 야구라고 하면 KBO리그를 뜻한다.

　현재는 총 10개의 팀이, 9개의 구장에서 리그를 진행하고 있다. 모든 야구팀은 자신의 홈구장을 가지고 있다. 매해 꽃피는 4월이 되면 정규 시즌이 시작되어 9월까지 이어진다. 이 기간에는 리그전으로, 각 팀이 다른 팀 모두와 최소 한 번씩의 경기를 치른다. 더욱 공평한 경기를 위하여 우리 팀의 홈구장에서 경기를 한 번 했으면, 다음번에는 상대편 팀의 홈에서도 한 번 경기해야 한다. 10개의 팀이 서로 돌아가면서 골고루 경기한 후, 승점을 기준으로 1등부터 10등까지 줄을 세운다. 정규 시즌이 끝나면 1등부터 5등까지만을 모아서 우승팀을 뽑기 위한 포스트 시즌이 시작된다. 포스트 시즌은 토너먼트 제도로, 경기 때마다 패자는 제외하고 승자만이 다음 경기를 치를 수 있는 자격을 가진다. 순서대로 정규시즌의 5등과 4등이 경기해서 이긴 팀이 3등 팀과 싸우고, 여기에서 이긴 팀이 2등 팀과 싸워서 이기면 1등 팀과 싸울 수 있다. 이 최종 단계에서 이긴 팀이 우승 트로피를 가져가는 방식이다.

　한국인이라면 살면서 몇 번의 월드컵을 겪으며 축구의 규칙은 자연스럽게 익혔을 거다. 하지만 야구는 조금 다르다. 그런 우리에게 야구를 이해시켜주는 좋은 운동이 있으니, 바로 발야구다. 발야구라면 피구와 함께 전국팔도 남녀노소 상관없이 모두의 학창 시절을 뜨겁게 만들었던 최고의 스포츠가 아니겠는가. 학풍에 따라서 공을 굴려주는 투수가 없기도 하지만, 그 외 발야구 규칙은 야구와 거의 같다. 발야구에서 투수가 굴려준 공을 타자가 걷어차서 뻥 하고 날아가면, 타자는 1루, 2루, 3루를 넘어 홈으로 이어 달릴 수 있었다. 물론 뻥 날아간 공이 땅에 떨어지기 전에 수비수가 받게 되면, 아웃! 그전에 타자가 홈으로 들어온다면 1점 추가. 발야구에서 발길질 대신에 방망이만 휘두르면 바로 야구가 된다. 그러니 발야구를 중심으로 전체적인 규칙만 이해한다면 충분히 야구를 즐길 수 있다. 스트라이크존이나 보크 같은 세부적인 야구 규칙은 천천히 찾아보면 그만이다.

발야구와 야구가 가진 또 다른 공통점은 아주 평등한 경기라는 것이다. 각각의 팀은 서로 한 번씩 번갈아 가며 공격과 수비를 하고, 한 번의 공격에 대해서는 똑같이 세 번씩의 공격 기회를 얻는다. 그래서 이번 공격에서 전세가 완전히 기울었더라도 수비를 잘 버티면, 곧 다음의 공격 기회가 주어진다. 새로운 공격에서 큰 점수를 낸다면 전체 경기에서 승리할 수도 있다. 하지만 인생 실전에서는 다음의 공격 기회가 주어지기는커녕, 한 번 털리면 아주 바닥까지 털리기 마련이다. 인생은 불평등의 연속인데, 도대체 누가 야구는 인생의 축소판이라고 말하는 거냐. 야구는 인생과 다르게 아주 평등하고, 그래서 보는 맛이 있다.

프로를 요구하는 사회

직장의 수직적인 문화를 바꾸겠다며 직급의 계급장을 떼고 프로, 책임, 수석 등으로 부르는 기업 문화가 유행처럼 번지고 있다. 전문가를 의미하는 프로페셔널(professional)에서 따온 프로, 맡아서 행하지 않으면 안 되는 임무를 의미하는 책임, 가장 으뜸을 칭하는 수석. 그 호칭에서 회사가 개인에게 요구하는 능력치가 팍팍 느껴진다. 이제는 회사에서 김 주임, 이 대리, 박 과장 대신 김 수석, 이 책임, 박 프로라고 부르는 것이 그다지 어색하지 않다.

프로라는 단어는 프로야구, 프로축구, 프로게이머처럼 일상에서 쉽게 접할 수 있다. 프로는 보통 스포츠에서 많이 사용하는 말인데, 아마추어와 구분 짓기 위하여 프로라는 접두어를 붙인다. 곧 프로선수는 취미가 아니라 운동을 전문적으로 직업 삼아 하는 사람들을 일컫는 말이다. 프로는 성적으로 말을 한다. 성적이 곧 자신의 몸값이 된다. 단순히 즐기는 것이 아니라, 즐기는 것을 넘어 성과를 내야 하는 것이 프로의 숙명이다. 그래서 국내 프로야구의 한 구단주는 프로에 대하여 다음과 같은 말을 남겼다.

"스포츠인이라면, 특히 아마추어나 직장인이 아닌, 연봉을 받고 운동을 하는 프로야구 선수는 최고를 지향하는 프로페셔널 정신을 갖

현실에 안주하지 않고 더 높은 목표를 위해 도전해 나가는 것. 아! 프로라는 것, 얼마나 멋진가? 그래서 국내 굴지의 대기업은 이 아름다운 프로의 자세를 본받아 사보에 '직장인의 필수 생존 전략, 프로정신'을 주제로 특집 기사를 실었다. "돈을 받고 일하는 모든 사람은 이미 프로다!"라는 말을 하면서 말이다. 확실히 요즘은 평생직장의 개념이 약해진 대신, 성과와 능력에 따라 연봉과 보수를 주는 프로 직장인의 시대다. 우리는 이미 날 때부터 프로라는 말을 익숙하게 접하고 살았기 때문에, 보수를 받는 직업인으로서 프로답지 못하다는 말을 듣는 것은 용납할 수 없게 되어버렸다.

프로정신의 저변은 점점 확장되어, 전업주부의 세계도 프로와 아마추어로 나뉘었다. 프로 주부는 깔끔한 집안 살림, 화려한 요리실력, 자녀 교육에 대한 빠른 정보력을 갖추는 것은 기본이고, 직접 가구나 옷을 만들고, 실내장식도 스스로 시공하고, 채소도 유기농으로 키워 먹고 뭐 그런 사람들이 프로 주부라고 소개되던데. 이쯤 되면 프로가 되는 것은 무엇인지, 누가 우리에게 프로가 되어야 한다고 세뇌를 시켰는지 머리가 다 아프다.

이 프로라는 바이러스는 이제 또 다른 변형을 마쳐 모든 행위를 숙주 삼아 감염시키기 시작하여 프로 불참러, 프로 야근러, 프로 불편러 등 새로운 신조어를 마구마구 쏟아내고 있다. 우리는 이제 불참도 야근도 불편함을 토로하는 것에도 '전문가'를 붙이는 것이 어색하지 않은, 바야흐로 프로의 시대에 살고 있는 것이다.

"Boys be ambitious!" 우리의 『삼미 슈퍼스타즈의 마지막 팬클럽』 주인공은 아버지가 책상에 잘라 붙여준 글귀를 보고 한 단어 한 단어씩 영어 사전을 찾아 해석한다. 그리고는 야망이 없이는 도저히 불안해서 살 수 없겠다는 막연함을 느낀다. 갓 초등학교 졸업한 어린이를 정서적으로 학대한 것 아니냐고? 하지만 잠시만 프로의 세계에서 만년 벤치만 데우고 있는 아버지의 입장이 되어보자. '소년이여, 야망을 가져라!'라는 말은 아버지로서 아들에게 알려주어야만 했던 이 사회의 필수 생존 기술이 아니었을까.

야구와 연고지, 그리고 운명

사람은 자신이 사는 지역으로부터 영향을 받으며 산다. 유년 시절을 보낸 지역은 더욱 특별하다. 학창 시절을 추억하는 놀이, 음식, 말투 등 많은 것들이 지역을 기반으로 형성되었다. 지역 공동체가 아이에게 미치는 영향력은 어마어마하다. 당장 이 책의 주인공만 보아도 그렇다. 우리의 주인공은 인천에 사는 이제 막 중학교를 입학하는 10대 꼬마였고, 1982년은 프로야구가 출범하여 전국이 프로야구에 열광하던 시절이었기 때문에, 우리의 주인공이 인천을 연고지로 하는 삼미 슈퍼스타즈의 어린이 팬클럽이 되는 건 운명이었다.

2월이 되면서 내가 살던 인천에는 본격적인 프로야구의 열기가 서서히 번져 나가고 있었다. 2월 5일에는 인천상공회의소에서 삼미 슈퍼스타즈의 창단식이 거행되었고, 그 소식은 그간 야구에 있어 늘 방관자적 입장에 서 있던 인천 시민들을 술렁이게 만들었다. (p.33)

지역에 프로스포츠팀이 생긴다는 것은 실로 엄청난 일이다. 각 연고지의 팬들이 그 팀에게 보내는 열정과 사랑은 아주 맹목적이다. 뭐 물론 프로스포츠에 관심이 없는 사람이라면, 그 지역에 어떤 스포츠팀이 있는지 전혀 모르고 살기도 하겠다. 하지만 당신이 프로스포츠의 팬이라

프로야구 원년의 삼미 슈퍼스타즈 경기 일정

면 이야기가 달라진다. 개막이 다가오면 우리 팀의 이번 시즌 전력을 예상해보고, 시즌 일정이 나오면 달력에 한 땀 한 땀 우리 팀의 경기를 표시하고, 홈경기가 있는 날이면 만사를 제쳐 놓고 경기장으로 쫓아간다.

종목에 따라 다르긴 하지만 프로 선수는 주로 팀 연고 지역에서 생활한다. 한때 육아 예능프로그램에서 큰 인기를 끌었던 축구선수 가족이 지방 광역시에 살았던 걸 떠올려 보시라. 지역 주민은 선수와 같은 아파트에 살기도 하고, 선수의 가족과 같은 학교에 다니기도 하고, 마트나 백화점 같은 일상의 공간에서 마주치기도 한다. 이렇게 프로스포츠는 연고지와 밀착하여 지역 주민에게 밀접한 연대감을 주었고, 지역 주민은 프로스포츠로 하나가 된다. 부산에서 학창 시절을 보낸 친구가 말해 주길, 담임 선생님이 롯데 자이언츠의 열렬한 팬이어서 롯데가 경기에서 이긴 날이면 기분이 좋아서 자율학습도 쉽게 빼주셨다고 한다. 그래서 롯데가 이기는 것이 모든 반 아이들의 소원이었다고.

전국이 고교 야구로 들끓던 시절, 야구의 변방이었던 인천에 프로야구팀이 창단된다는 소식은 어른이나 아이 할 것 없이 설렘을 안겨줬다. 우리의 주인공과 그 친구들이 삼미 슈퍼스타즈의 어린이 팬클럽이 되는 것은 아주 당연했다. 그리고 그 당연한 선택은 주인공의 인생을 매번 다른 방향으로 내던졌다.

졸업식에는 역시 짜장면이지

꼭 프로스포츠팀의 연고지가 아니더라도, 같은 시기에 같은 지역을 산 사람들끼리만 공유하는 감정이 있다. 기억이 같고 경험이 같으니 당연하다고 생각하시나. 하지만 사람들을 더 강하게 묶어주는 것은 아주 아주 사소한 감정이다.

짜장면만 해도 그렇다. 경상도에서 자랐지만 다른 지역에 사는 사람들이 짜장면에 대해서 공유하는 억울함이 있다. 바로 계란 후라이의 부재. 어린 시절, 중국집에 갈 때면 항상 "저는 간짜장이요!"를 외쳤다. 아직 세상 물정 모르는 혓바닥을 가지고 있었으니, 간짜장이 일반 짜장과 달리 전분물 없이 즉석에서 볶아서 만들기 때문에 더 감칠맛이 난다는 것까지는 느끼지 못했었다. 그저 테두리가 바싹하게 튀겨진 계란 후라이의 노른자를 톡 터뜨려서 섞으면 유독 고소하다는 정도만 알았다. 그래서 사주는 사람의 지갑 사정은 생각하지 않고 항상 간짜장만 먹었더랬다.

그래서 수도권으로 이사했던 날에도 여느 때처럼 "나는 간짜장!"을 외쳤다. 그런데 받아본 짜장면 그릇이 뭔가 허전했다. 계란 후라이가 없었다. 모든 가족이 "이것은 간짜장이 아니다."라고 흥분해서 식당에 전화를 걸었다. 배고픔에 약간 화가 난 목소리로 "간짜장을 시켰는데 계란 후라이가 없다. 이것은 간짜장이 아니라 일반 짜장면을 준 것이다."

고 불만스럽게 말했더니, 사장님은 몇 번 겪어본 일인 듯 "계란 후라이가 없어도 그게 간짜장이에요."라고 태연하게 답하시더라. 그 평온함에 당황해서 전화를 내려놓았다. 하지만 노란 태양이 없으면 하늘이 더 이상 하늘이 아니듯, 노란 계란후라이가 없으면 그것은 간짜장이 아니었다. 그 이후로는 중국집에 갈 때마다 메뉴판을 앞에 두고 무얼 시켜야 할지 막막하기만 하다.

근데 계란 후라이에 대한 그리움은 나만의 것이 아니었다. 친구들과 온갖 쓸데없는 것에 대해서 헛소리를 늘어놓던 어느 날, 짜장면이 주제에 오르자 몇몇 친구들이 흥분하기 시작했다. 왜 서울의 간짜장에는 계란 후라이가 없는 것이냐고. 그리고 그 사람들은 본인이 인정하든 인정하지 않든 모두 경상도 사투리를 구사하는 사람들이었다. 모두 계란 후라이 없는 간짜장에 배신감을 느꼈던 것이다.

경상도식 간짜장

짜장면에 대한 특별한 지역감정을 가진 것은 경상도 사람들만이 아니다. 계란 후라이가 올라간 간짜장이 경상도 사람끼리 나누는 그리움이라면, 인천 사람들은 짜장면의 진짜 원조라는 자부심을 공유한다. 짜장면이 처음 개발되어 판매된 곳이 바로 인천의 차이나타운이니까.

1982년도에 국민학교를 졸업한 여느 학생이라면 동네에 있는 여느 중국집에 갔겠으나, 우리의 주인공은 남달랐다. 우선 우수상과 6년 개근상을 받았다. 또한 인천의 어린이답게 짜장면의 원조인 차이나타운의 가장 맛있는 집에서 점심을 먹었다. 같은 상을 받은 조성훈네 가족과 함께였다.

> 중국인 거리의 중국집들은 자장면의 면발보다 더 많은 수의 사람들로 붐비고 있었다. 걸어오면서 짜기라도 했는지, 두 아버지가 생각한 이 거리의 '가장 맛있는 집'도 같은 곳이었다. (중략) 두 아버지가 서로 계산을 하니 마니 하는 동안, 나는 중국인 거리의 귀퉁이에 서서 하늘을 올려다보았다. 중국인 거리의 중국집 지붕 사이로 본 그날의 하늘은 자장면 위로 머리를 내민 완두콩처럼 개운한 빛을 띠고 있었다. (p.45-46)

듣기로는 1883년에 인천항이 개항하고, 이듬해 인천에 청나라 사람들이 모여 사는 조계지가 설정되었다고 한다. 당연히 중국요리를 파는 식당도 생겨나기 시작했다. 지금의 우리가 중국집의 고소한 기름 냄새를 피하지 못하듯, 인천의 부둣가에서 일하던 노동자들도 중국요리의 맛에 빠져버렸다. 하지만 그들의 주머니 사정에 비교하면 대륙에서 온 이국적인 요리는 좀 비싸지 않았을까? 그런 그들을 위해서 전통적인 중국요리를 변형하여 지금의 짜장면을 만든 것이다. 원래 중국에는 중국식 된장인 미옌장을 면과 비벼 먹는 작장면이라는 요리가 있었는데, 여기에 달콤한 캐러멜을 첨가하고 물기를 적당히 촉촉하게 만들어 한국식 짜장면이 만들어졌다.

짜장면은 말 그대로 '개발'된 음식이다 보니 진짜 원조가 존재한다. 골목마다 튀어나오는 '원조할매집'과는 그 수준이 다르다. 짜장면의 진짜 원조는 무려 1908년에 문을 연 공화춘이라는 식당이다. 공화춘은 오랜 시간 짜장면의 원조이자 인천 차이나타운의 터줏대감으로 군림했다. 하지만 안타깝게도 여러 이유로 1983년에 문을 닫고 말았다. 이제 더 이상 진정한 원조의 맛을 보지 못한다는 것은 너무나 슬프다. 그래도 그때의 식당 건물이 문화재로 지정되어 국내 최초이자 유일한 짜장면 박물관으로 운영되고 있다.

지하철 1호선 인천역을 빠져나오면, 길 건너편에 거대한 붉은 문이 서 있다. 그곳으로 들어서면 바로 차이나타운으로 들어가게 된다. 야트막한 언덕길을 따라서 붉은 가로등, 붉은색 간판, 붉은색 건물이 이어진다. 곳곳에 군침 돌게 하는 맛집이 이어진다는 사실은 두말하면 잔소리.

주인공이 조성훈네 가족과 함께 졸업식 이후에 갔다던 '가장 맛있는 집'은 어딘지 모르겠지만, 인천 토박이의 말에 따르면 '차이나타운의 모든 가게가 맛있으니 아무 데나 가도 된다'고 했다. 꼭 거하게 중화요리를 먹지 않더라도, 걸음걸음마다 월병이나 공갈빵, 화덕 만두 같은 주전부리가 이어지니 조금 욕심을 부려 과식해도 좋다. 차이나타운을 따라서 걷기 좋은 길이 계속 이어지기 때문이다.

어슬렁어슬렁 걷다 보면 갑자기 주변 분위기가 급격하게 달라지는

차이나타운으로 들어가기 위한 거대한 문

것을 느낄 수 있다. 분명 주변이 온통 붉은색과 금색으로 칠해져 있었는데, 어떤 계단을 경계로 갑자기 정갈한 목조 건물과 석조 건물들이 나타난다.

어리둥절할 필요는 없다. 일본 조계지 거리로 들어선 것뿐이니까. 1883년에 인천항이 개항되면서 그 근처에는 청나라 사람뿐 아니라 일본인도 모여 살게 되었다. 삼국지 벽화 거리 끝에 있는 계단을 경계로 중국과 일본의 조계지가 나란히 생긴 것이다. 얼마나 선명한 경계를 긋고 싶었던지 자세히 들여다보면 계단 양쪽의 석등 모양마저 다르다. 계단 위에서 아래쪽을 향해 내려다보면, 왼쪽으로는 정갈한 일본풍의 건물이 있고 오른쪽으로는 화려한 중국풍의 건물이 이어진다. 확연히 다른 두 지역을 왼쪽과 오른쪽에 끼고 한 계단 한 계단 걸어 내려가면 인

인천 앞바다가 내려다보이는 계단을 중심으로 양쪽의 건물은 물론,
석등의 모양까지 다르다.

천 앞바다가 내려다보인다.

짜장면을 나란히 해치운 조성훈과 주인공은 아버지들로부터 서로 도
와가며 열심히 공부해서 일류대에 합격하라는 얘기를 들었고, 며칠 후
나란히 같은 중학교에 입학했다. 그리고 주말마다 삼미 슈퍼스타즈 야
구잠바를 입고 캐치볼을 하며 애타게 개막을 기다린 결과, 드디어 3월
27일이 되었다. '어린이에겐 꿈을! 젊은이에겐 낭만을!'이라는 구호와
함께 첫 번째 프로야구 시즌이 시작되었다. 책의 표현 그대로 "바야흐
로, 프로의 시대가 시작된 것"이다.

그리고 4월 4일. 삼미 슈퍼스타즈의 역사적인 첫 번째 홈경기가 춘천
의암야구장에서 열렸다. 잠깐, 홈경기라면서 강원도 춘천이라니. 삼미
슈퍼스타즈의 홈구장은 원래 인천 숭의야구장이 맞지만, 당시 세계아
마야구선수권대회를 대비해서 공사를 하고 있었기 때문에 춘천 의암야

구장까지 홈구장으로 썼다. 그래서 첫 홈경기가 인천이 아닌 춘천에서 열렸던 것이다. 주인공과 조성훈도 춘천까지 가서 그 경기를 지켜보았다. 결과는 8:0의 대패였고, 더욱 더 참담한 것은 패배감을 가지고 돌아와야 하는 길이 너무 너무 길었다는 점이다. 야구장에서 버스를 타고 춘천역으로 가서, 비둘기호를 타고 청량리역까지 와서, 다시 서울을 가로질러 지하철 1호선을 타고 인천에 있는 집에 왔다. 지금 기준으로도 3시간이 훌쩍 넘게 걸린다. 무엇보다 그들을 힘들게 한 것은 그 길고 긴 이동 시간 동안 승리의 기쁨을 만끽하는 상대 팀의 어린이 응원단과 함께 이동해야 했다는 점이다. 심지어 리틀 슈퍼스타즈의 완벽한 복장을 갖춘 채로 말이다. 그럼에도 불구하고 또다시 삼미를 응원하기 위하여 삼미 슈퍼스타즈의 어린이 팬클럽 잠바를 꺼내 입었던 이들에게 존경의 박수를 보낸다.

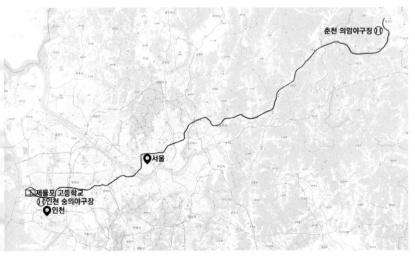

인천야구장에서 춘천야구장까지의 거리는 이렇게나 멀다.

인천 앞바다에 사이다가 떴어도
컵이 없으면 못 마십니다

  프로스포츠는 아무튼 '프로'를 내걸고 있어서 팀의 성적을 간과할 수 없다. 선수들 개인의 사소한 플레이 하나하나가 다 수치화되어 선수의 타이틀이 되고, 선수의 기록이 되고, 선수의 몸값이 되고, 팀의 성적이 되고, 감독의 능력이 되고, 팀 성적은 또 관중 수로 직결되고, 이는 곧 팀의 수익이 된다. 프로의 세계에서는 '그깟 공놀이'의 손짓 한 번, 발짓 한 번이 많은 것을 만들어낸다. 많은 프로구단이 연고지 팬들의 사랑에 대한 보답을 내걸며 멋진 경기를 보여줄 것을 약속한다. 당연히 그들은 프로니까 멋진 경기를 보여줘야 할 의무가 있다. 프로는 취미로 운동하는 사람들이 아니니까. 그러므로 기대 이하의 경기력을 보여주는 팀에게 "너희가 그러고도 프로냐?"라는 비난이 바로 쏟아진다.

  인천 사람도 당연히 '프로'야구팀 삼미 슈퍼스타즈에게 프로다운 멋진 경기, 화려한 성적을 기대했을 것이다. 하지만 슬프게도 말 그대로 '인천 앞바다에 사이다가 떴는데 컵이 없어서 못 먹는 꼴'이 되어버렸다.

  그런데 인천 앞바다랑 사이다는 대체 무슨 상관이길래, 우리나라 사람들은 인천 앞바다라고 하면 '사이다'를 떠올리게 되었을까? 이 인천 앞바다와 사이다의 정체는, 놀라지 마시라. 무려 1960년대 코미디언 고(故) 서영춘 씨가 '원자폭소 대잔치'라는 프로그램에서 히트시킨 코믹송의 가사이다.

"이거다 저거다 말씀 마시고/ 산에 가야 범을 잡고 물에 가야 고길 잡고/ 인천 앞바다에 사이다가 떴어도/ 고뿌(컵의 일본어 발음) 없이는 못 마십니다."

인천 앞바다 사이다의 출처가 코미디라니 엄청난 유래이다. 뭐든 간에 말보다는 적극적인 노력이 필요하다는 메시지를 담은 뼈가 있는 개그이다. 그런데 이 코미디언은 대체 왜 하필 '인천' 앞바다에 '사이다'가 떴다고 표현했을까. 그분이 특별히 사이다를 사랑하는 인천 사람이었던가.

지금은 잘 매치가 되지 않지만, 그 시절엔 '인천 사이다'는 일종의 고유명사였단다. 사이다가 처음 조선 땅을 밟아 정착을 한 곳이 바로 인천이기 때문이다. 사이다는 원래 유럽에서 마시는 사과 발효주에서 그 기원을 찾을 수 있다. 당신이 유럽의 어느 펍에서 사이다를 주문한다면 신분증을 제시해야 할 것이다. 도수가 낮다고는 하지만 사이다(cider)는 사과를 발효시켜서 만든 술이기 때문이다. 유럽의 술인 사이다는 일본으로 전달되었고, 일본에서 사이다는 무알콜 탄산음료가 되었다. 무알콜이 되었다니 알콜러버로서 깊이 슬퍼할 일이다.

이 새로운 음료는 인천을 통해 우리나라에 들어왔다. 1905년 일본인이 인천 앞바다가 내려다보이는 인천 동구 신흥동에 '인천 탄산수 제조소'를 세우고 '별표 사이다'를 생산하기 시작했다. 몇 년 뒤 같은 동네에 또 다른 제조소가 들어와 경쟁제품을 출시했다. 그때나 지금이나 고구마 백 개 먹은 거 같은 답답한 상황이 많았던 것인지, 사이다는 전국적으로 인기를 끌기 시작했다. 50여 개의 사이다 공장이 전국에 만들어지기 시작했고, 1950년대까지 인천은 대표적인 사이다 생산지로 명성을 날렸다. 한국인이 너무나 사랑하는 사이나의 부흥은 바로 인천에서 시작된 것이다.

 사이다가 인천에서 부흥했던 것처럼 삼미 슈퍼스타즈도 인천에서 부흥했다면 얼마나 행복했을까? 다시 한번 말하지만, 프로는 성적으로 기억된다. 그래서 원년 시절 삼미는 다음의 기록으로 기억된다.

 "통합 15승 65패, 승률 0.188, 전기리그 6위, 후기리그 6위"

 1할이라는 전무후무한 승률에서 대충 짐작이 가겠지만, 저건 절대 좋은 성적이라고 할 수 없다. 원년 시즌 프로야구팀은 삼성 라이온즈, OB 베어스, MBC 청룡, 삼미 슈퍼스타즈, 해태 타이거즈, 롯데 자이언츠 6개였다. 그러니까 직설적으로 얘기하자면, 삼미는 6개 팀 중 꼴찌란 소리다. 삼미 슈퍼스타즈는 원년 시즌에 무려 1할대의 승률을 기록하여, 그 이후 39년 동안 한국 프로야구 역사상 아직도 깨지지 않는 엄청난 기록을 세웠다. 삼미 슈퍼스타즈는 1984년 시즌과 1985년 시즌을 연달아 16연패, 18연패라는 또 다른 난공불락의 기록을 세워버린다.

 그 불멸의 기록 앞에서 전문가들은 입을 모아 "삼미의 라이벌은 삼미뿐"이라는 찬사를 퍼부어주었다. 과연 내가 생각하기에도 그 기록은- 어떤 축구팀이나 핸드볼팀이 어느 날 갑자기 프로야구로 전향을 해오지 않는 이상은 절대 깨어질 수 없는 대기록이었다. (p.115)

 이 연패는 프로야구에서는 아직도 깨지지 않은, 아마도 앞으로도 쉽게 깨지지 않을 기록이지만, 놀랍게도 그 기록을 깨고 세계 기네스북에도 최다 연패로 등재된 국내 프로팀이 있다. 프로야구가 코리안 시즌으

인천의 '스타사이다'는 1950년 서울에서 '칠성사이다'가 출시된 후
꼬르륵 가라앉아 버렸다.

로 한창 축제일 때 개막하는 겨울 스포츠의 꽃, 바로 프로농구가 되시겠
다. 프로농구 98~99시즌의 대구 오리온스가 세계 최다 연패로 기네스
북에 오른 그 주인공인데, 무려 32연패라는 대기록으로 세상을 뒤집어
놓으셨다. 대구 오리온스는 3승 42패, 승률 0.067이라는 1할도 안 되
는 정말 말 그대로 절대 깨지지 않을 불멸의 기록을 세웠다. 이는 대한
민국 프로스포츠 통틀어서 가장 최악의 성적이라고 한다. 세계를 통틀
어도 가장 최악의 성적이다.

그럼 2등은? 뭐 말할 것도 없이 삼미 슈퍼스타즈의 원년 승률. 아름다
운 것만 생각하고, 아름다운 것만 보며 자라도 시원찮을 청소년기에 국
내 프로스포츠 역사를 통틀어 두 번째로 암울한 기록을 가진 이 팀에게
순정을 바쳐 응원한 우리의 주인공이 너무 가여워서 눈물이 마르질 않
는다. 적당히 지는 것도 아니고, 매번 이렇게 심각하게 지는데 말이다.

부평은 서울에 더 가까우니까

어린이 팬클럽에도 변절자는 나타났다. 1학년 여름방학이 시작될 무렵, 부평으로 이사 간 친구는 MBC 청룡의 잠바를 입고 등장했다. 친구는 부평은 '거의' 서울에 가깝다는 기적의 논리를 펼치며 본인은 당연히 서울 연고의 MBC 청룡 팬이 되어야 한다고 얘기했다.

부평은 '인천광역시 부평구'로 엄연히 인천에 속한 지역이다. 그러니 부평이 서울에 '거의' 가깝다며 서울 연고의 팀을 응원하는 논리는 말도 안 되는 것처럼 보인다. 그런데 생각해보면, 지금도 부평에 사는 사람들은 '인천' 출신보다는 '부평' 출신이라고 말하곤 한다. 이런 습관에는 역사적인 배경이 있다.

부평이라는 지명은 고려 충선왕 때 처음으로 문헌 기록에 등장했다. 부평은 부평부, 부평도호부, 부평군이라는 행정구역으로 고려 말부터 조선시대까지 인천과는 별개의 독립된 고을이었다. 부평은 역사적으로 인천과 동등하거나 상위의 행정구역으로 존속해왔다. 그러나 일제 강점기에 들어서면서 행정구역 개편 사업이 시작되었고, 이 과정에서 1940년에 인천으로 편입되게 된다.

지형만 살펴봐도 그 차이가 극명하게 드러난다. 인천은 바다를 끼고 발달한 해양도시다. 그리고 인천과 부평 사이는 원적산, 철마산, 만월산 자락을 따라 분리되어 있다. 그래서인지 부평은 서울 서부 지역과 함께

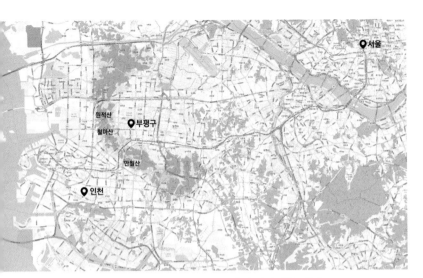
산의 경계 때문에 부평은 인천보다 서울에 더 가까워 보인다.

넓은 평지를 이루면서 더 자연스럽게 이어진다.

그러니 부평 입장에서 '우리는 거의 서울'이라는 근거가 고작 지하철 6개 정거장이 더 가깝기 때문이라고 하면 오히려 억울할 것이다. 이렇게 600여 년 동안 인천과 별개의 행정구역을 유지해 왔었고, 지형적으로도 서울과 연속되니까. 1980년대는 인천으로 편입된 지 겨우 40년 남짓한 시점이었으니, 고작 초등학생이라도 인천과 부평은 서로 다른 지역이라고 선을 긋는 것이 당연했을 것이다.

프로의 *세상에서 평범함이란*

주인공과 그 야구단은 자신을 삼미 슈퍼스타즈의 마지막 팬클럽이라고 생각한다. 하지만 그들이 진짜 마지막일지는 알 수 없지 않을까. 세상은 넓고 덕후는 많으니까. 굳이 삼미 슈퍼스타즈의 진정한 마지막을 찾아야 한다면, 그것은 1985년 6월 21일 금요일이다. 바로 인천 숭의야구장에서 롯데 자이언츠를 상대로 벌어진 삼미 슈퍼스타즈의 고별전이었다.

당시의 기록을 보면 평일이었음에도 평소보다 관중이 많았다고 한다. 말도 안 되는 참패 기록에도 여전히 사랑받는 팀이었나 보다. 삼미 슈퍼스타즈를 향한 사랑에는 우리 주인공과 조성훈 역시 뒤지지 않았다. 고등학생임에도 삼미의 마지막을 그냥 떠나보낼 수는 없기에 마음 단단히 먹고 학교는 땡땡이치고 야구장을 찾았다.

하지만 안에서 새는 바가지 밖에서도 샌다고, 고별전이라고 해서 삼미가 갑자기 잘할 리가 없지. 아니나 다를까, 홈구장인 인천에서 마지막 경기를 치르면서도 6대 16으로 대패했다. 아니, 이쯤 되면 롯데 감독과 선수도 너무 인정머리 없다고 욕하게 된다. 시즌 마지막도 아니고, 이제 영영 사라지는 팀과의 경기인데 적당히 3점 차이 정도로 이겨주면 어디 덧나나 그래.

하지만 이렇게 흥분을 하는 것은 진정한 삼미의 팬이 아니기 때문인

球團主 바뀐 三美슈퍼스타즈

「靑寶핀토스」로 내정

운영 방침등 오늘 발표

프로야구 食品업체가

삼미 슈퍼스타즈는 1985년 6월 21일 경기를 마지막으로, 청보 핀토스가 되었다.

가 보다. 오히려 책 속의 주인공은 덤덤하게 받아들였다. 아무 말 없이 경기를 보다가, 경기가 끝난 후 인사를 하는 선수들에게 뜨거운 손뼉을 쳐줄 뿐이었다. 하지만 마음속 깊은 곳에서는 무언가 응어리가 있었던 것인지, 주인공은 그날 밤늦게까지 잠을 이루지 못한다. 그러면서 그의 인생과 삼미 슈퍼스타즈에 대해서 오래오래 생각한다. 그러다가 문득 놀라운 사실을 두 가지 깨닫는다.

먼저 자신의 삶이 참 평범하고 별 볼 일 없는 인생이라는 것이다. 평범한 가문의 외동아들로, 공부를 못하지는 않지만 그렇다고 특출나게 잘하지도 못한다. "야구로 치자면 그저 2할 2푼 7리 정도의 타율"이라고 표현했다. 타율이란 무엇인가. 타율은 안타의 개수를 타수로 나눈 것이다. 프로야구의 평균 타율이 2할 8푼을 조금 웃돈다. 2할 2푼 7리의 타율이라는 것은 열 번 타석에 들어섰으면, 그중에 적어도 두 번 이상은 안타를 쳤다는 말이다. 숫자만 보면 22.7%는 매우 낮은 확률로 보인다. 하지만 열 번의 기회에서 두 번 이상 성과를 얻었다고 생각하면 굉장한 것 아닐까. 인생의 실전에서는 열 번의 기회에서 한 번이나마 제대로 된 성과를 얻는 것조차 어려울 때가 많다. 오히려 한참이 지난 후에야 '아, 그때 그게 기회였는데'라고 깨달으니 말이다.

그래서 얻은 또 다른 깨달음은 삼미 슈퍼스타즈가 사실 야구를 못했던 것이 아니라는 점이다. 안타를 칠 만큼 쳤고, 홈런도 가끔 치고, 삼진도 제법 잡았다. 즉, 엄청나게 못하는 야구가 아니라 적당히 평범하게 잘하는 야구를 했던 것이다. 그럼에도 그들이 야구를 지지리도 못하는 것처럼 보였던 것은 그들의 문제가 아니었다. 다른 팀이 너무너무 잘했던 것이다. 만약 삼미 슈퍼스타즈가 아마추어 팀으로 남았다면, 제법 잘한다는 이야기를 들었을 것이다. 하지만 그들이 들어간 세계는 바로 프로의 세상이었다. 프로의 세계에서는 눈코 뜰 새 없이 노력하는 절대 평범하지 않은 삶이 '평범하다'라고 평가되고, 적당히 잘하는 것이 수치스럽고 치욕적인 패배로 보이니까.

주인공은 깊은 밤 이 두 가지 사실을 깨닫고, '더 좋은 소속을 가져야 한다'는 묘한 결론을 내렸다. 자신이 열등감에 빠진 것도 삼미 슈퍼스타즈의 팬이었기 때문이고, 아버지가 고등학교 동창인 조 부장에게 굽실거리는 것도 삼류 대학을 나왔기 때문이라며 말이다. 그래서 그날 새벽, '죽는 한이 있어도 일류 대학에 가야겠다'고 결심한다.

그 소년들과 나의 차이점은 과연 무엇이었을까. 결국 문제는 내

가 삼미 슈퍼스타즈 소속이었던 데서 출발한 것이라고, 16살의 나는 결론은 내렸다. 그랬다. 소속이 문제였다. 소속이 인간의 삶을 바꾼다. (p.139)

　새벽의 결심은 다음 날 아침이 무르익기 전에 잊히곤 한다. 밤마다 침대에 누워 '아, 진짜 내일부터는 일찍 일어나야지'라고 생각하지만, 마지막 알람의 마지막 순간까지 침대에서 뭉그적거린다. 매일 밤 이불 속에서 '아, 내일부터는 진짜 다이어트할 거야'라고 생각하지만, 몇 시간 뒤면 마요네즈 듬뿍 들어간 샌드위치에 시럽 뿌린 커피를 마시고 있다. 뭐, 다들 그렇게 살지 않나. 그런데 우리의 주인공은 진짜 남다른 인물이었다. 깊은 새벽 잠결에 결심한 '일류 대학을 가야겠다'라는 마음을 잊지 않고 실천으로 옮긴다. 숨도 쉬지 않고 공부를 했고, 그만큼 성적이 쑥쑥 오른다. 성적이 오를수록 그를 다르게 대하는 사람들을 보며, "역시 소속이 인간의 삶을 바꾼다."라는 사실을 매번 재확인할 뿐이다. 그렇게 3년이 흘렀고, 그는 당당하게 일류 대학에 입학했다. 하지만 소속이 정말 그의 삶을 바꿀 것인가.

청춘을 뒤흔든 조르바와 첫사랑

'일류대'라는 소속을 확보한 이후 주인공의 삶은 오히려 방향을 잃어버린다. 인천에서 그는 일류대를 다니는 뛰어난 인재로 통하지만, 정작학교에 오면 모두가 일류대생이니 특별할 것 없는 존재가 되어버리는것이다. 이런 이중성 속에서 명문 고등학교 출신의 친구들이 자기들만의 소속감을 공고히 하는 것을 목격하고, 오히려 같은 소속 안에서도 또다른 차이가 있음을 느낀다.

중고등 학생 때만 해도 일류대라는 소속감만 가질 수 있다면 될 듯했지만, 정작 소속을 갖추고 보니 그 안에서의 계층을 극복하기 어려움을 깨달은 것이다. 책에서는 하루 안에서 두 삶을 오고 가는 생활을 클립턴 행성 출신의 슈퍼맨이 지구에서는 특별한 존재가 되는 것과 같다고 묘사했다.

> *(전략) 그 무렵, 나는 매일 인천의 집과 서울의 캠퍼스를 전철로 오고 갔다. 돌이켜 보면 그것은 지구와 클립턴 행성을 오가는 길고 긴여행이었다. 분명 집이라는 이름의 지구에서 나는 슈퍼맨이었지만, 일류대라는 이름의 행성에서는 지구인이었다. 다행히 학교의 정문앞에 엄청난 수의 공중전화 부스가 즐비해 있어, 변신에 큰 어려움은 없었다. (p.153)*

결국 명문고등학교 출신 대신 시골의 소박한 고등학교를 졸업한 친구들과 어울린다. 그리고 2학기가 시작되자 그 친구 중 한 명의 소개로 자취방을 구하게 된다. 부모님께는 통학 시간 때문에 공부가 뒤처진다는 핑계를 댔지만, 그 하숙집에서 가장 많이 한 것은 운동권 활동이었다. 하숙집 주인은 데모 하는 순간 방을 빼야 한다고 엄포를 놨지만, 신기하게도 그곳에는 누구보다 데모를 열심히 하는 사람들만 살고 있었다. 그들의 영향을 받아 주인공은 '남태령재'의 철거반대 시위에도 나가게 된다.

　지금도 서울에서 과천으로 넘어가려면 이 남태령을 넘어야 한다. 지금 풍경으로 생각해보면 허허벌판에 군부대만 있는 동네지만, 주인공이 대학교 신입생이었던 1988년만 해도 그곳에는 강제 철거를 앞둔 불법 주택이 즐비한 동네였다. 강제 철거를 하려는 공권력 앞에서 자신들의 주거지역을 지키고자 하는 거주자의 반항은 너무나 미약해 보였다.

　그 모습을 보면서 주인공은 오랜만에 다시 삼미 슈퍼스타즈를 떠올린다. 삼미 슈퍼스타즈가 경기 중에 큰 점수를 내어주며 강팀에 휘둘리는 걸 바라보면서도, 계속해서 응원할 수밖에 없는 것과 똑같았다. 공권력에 맞서 이길 수 없음을 알면서도 거주자를 돕고 싶어지는 것이다. 하지만 시위에 나선 네 번째 날 강제철거를 하려는 사람이 휘두른 쇠파이프에 맞았고 이제는 시위에 나오지 말라는 말을 듣는다.

　그날 이후 다시 무료한 삶으로 돌아오게 된다. 리포트를 내고, 학교에 가고, 출석만 부르는 권태로운 생활을 누리던 중에 뜬금없이 홍대 근처로 거처를 옮긴다. 그리고 새 하숙집에 살던 친구의 소개로 한 카페에서 아르바이트를 시작하게 된다. 요리도 할 줄 몰라서 제대로 된 안주 하나 없이 메뉴판에 건어물만 올려둔 술집 겸 카페의 사장 별명은 조르바다.

남태령고개 불량주택을 정리한다는 1984년 10월 2일 자 중앙일보 기사

『그리스인 조르바』의 그 조르바.

『그리스인 조르바』에서는 부모가 유산으로 남겨준 광산으로 새로운 사업을 펼치러 가던 주인공 앞에 갑작스럽게 조르바라는 인물이 나타난다. 조르바는 다소 거칠지만 동시에 순수한 열정을 가진 사람이다. 주인공은 다양한 경험을 가진 조르바와 함께 광산 사업을 시작한다. 하지만 큰 투자를 해서 인프라 공사를 하고 첫 시험 운영을 하던 중 정말 대차게 망한다. 망연자실한 주인공 앞에서 조르바는 그래도 괜찮다며 춤을 춘다. 책으로만 보면 제법 잘 추는 춤이었을 듯하지만, 영화로 보면 탈춤에 가까운 몸짓이다. 땡볕 아래 해변에서 파란 셔츠를 입고 춤추다 보니 선명한 겨땀 자국은 덤!

어찌 보면 『그리스인 조르바』에서 조르바와 주인공의 관계는 『삼미 슈퍼스타즈의 마지막 팬클럽』에서 카페 주인 조르바와 주인공의 관계

172

와 비슷하다. 카페 사장 조르바는 놀 줄 모르던 주인공에게 음악을 즐기고 삶을 낭비하듯 사는 방법을 온몸으로 보여준다. 첫사랑이 허무하게 끝난 주인공에게 "군대를 가."라는 단호한 조언을 하기도 한다. 주인공 앞에서 보여준 것은 조르바 댄스만이 아니었다.

주인공의 대학교 생활을 보면 사는 곳이 어쩜 이리도 자신의 삶에 큰 영향을 미칠 수 있을까 싶어진다. 인천과 학교를 지하철로 오가던 대학교 첫 학기에는 각 지역에서 일류대가 가지는 무게감이 다르다는 데서 괴리감을 느꼈다. 그 후 학교 바로 앞에서 자취하던 1학년 2학기에는 함께 살던 친구들 때문에 관심도 없던 정치적 고민과 일류대생이 지녀야 할 책임감에 빠져있었다. 하지만 홍대 근처의 한적한 동네로 거취를 옮기면서 자신이 원하는 삶이 무엇인지 찾았다. 아는 사람이 없어서 혼자였지만, 그 동네를 돌아다니며 혼술을 해도 학교 근처에서의 삶과는 달리 풍요롭고 즐거웠던 것이다. 게다가 그 길 위에 유독 미인이 많았다고 하니 오죽 즐거웠을까.

> 그리고 어느 날, 나는 가게가 위치한 정문 쪽에서 상수동의 하숙집으로 이어지는 극동방송국 쪽의 길 위에서- 내 인생의 첫사랑과 대면하게 된다. 그 순간이 오기까지 전혀 예상치 못한 일이었고, 필요 이상으로 극적인 만남이었다. 나는 그날 따라 길었던 술자리를 정리하고, 새벽 3시쯤 가게의 셔터를 내린 후 레드 제플린의 '락엔롤'을 흥얼거리며 방으로 돌아가던 길이었고, 그녀는 극동방송국의 정문 옆에서 오줌을 누고 있는 중이었다. (p.170)

책을 읽다가 작가의 덕력이 부담스러운 때도 종종 있었지만, 위 문장에 이르러서는 너무 당황스러웠다. 저 동네는 새벽에도 사람이 넘쳐나는 홍대인데, 아무리 새벽 3시라 사람이 적고, 본인이 만취한 상태라지만 방송사 정문 옆에서 노상 방뇨라니.

흔히 홍대라고 부르는 지역이 합정역, 상수역, 홍대입구역을 연결하는 골든 트라이앵글이니까, 극동방송국은 중심지에서 벗어나 있다고 이해해주고 싶다. 그렇지만 그러기엔 극동 방송국 정문 앞은 3차선의 도로지 않나. 아무리 관대하게 봐주려고 해도 인적 드문 골목길로는 보이지 않는다.

홍익대학교 정문에서 상수역으로 이어지는 이 길의 정식 이름은 와우산로다. 책에서는 극동방송국을 랜드마크로 삼았지만, 신발 좀 좋아하는 사람이라면 와우산로라는 이름에서 운동화를 떠올릴 것이다. 홍대 정문에서 상수역을 향해 걸어가다 보면 외관부터 독특한 가게를 하나 만날 수 있다. 일반 매장과는 달리 스니커즈를 중심으로 하는 콘셉트 매장이다. 매장에 들어가면 한 번도 본 적 없는 디자인의 신발이 줄지어 늘어선 모습에 넋이 빠지지만, 진짜 특이한 모습은 새벽에만 볼 수 있다. 한정판 디자인이 출시되는 날이면 수십 수백의 사람들이 밤새 줄을 서는 진풍경이 벌어진다. 만약 한정판 신발이 출시되는 날이었다면 주인공의 첫사랑은 차마 노상 방뇨를 할 용기를 낼 수 없었을 것이고, 주인공을 만나지도 못했을 것이다.

하긴 그렇게 만났으면 뭐 하나. 일단, 이 첫사랑은 비 배타적인 애정 관계를 오랫동안 유지했다. 말이 좋아 비 배타적인 관계라는 거지, 쉽게 말해 양다리, 삼다리를 당하고 있었던 거다. 심지어 1990년의 어느 날 편하게 살고 싶어서 결혼하게 되었다는 이유로 갑작스럽게 이별을 통보받는다. 큰 충격을 받은 주인공은 카페 주인 조르바의 조언에 따라

주인공은 와우산로를 따라 퇴근하던 중 극동방송 앞에서 첫사랑을 만났다.

서 입대를 한다.

> 제대를 하면서, 나는 '소속'의 고민과 비슷한- 또 하나의 강박관
> 념을 그곳에서 가지고 나왔다. 그것은 '계급'이었다. 세상은 수없이
> 많은 소속 안에서, 또다시 여러 개의 계급으로 나뉘어 있었던 것이
> 다. (p.217)

그리고 군대를 다녀온 주인공은 새롭게 깨닫는다. 소속보다 중요한 것
은 '계급'이라고. 그리고 그 계급을 올리고 유지하기 위해서 프로의 삶
을 살아가게 된다.

삶은 야구라기보단 신도림역 같은 것

그 이후 주인공의 삶 역시 잘나가는 프로야구 선수처럼 탄탄하고 안정적인 것처럼 보였다. 학교를 졸업하니 대기업 취업의 문이 활짝 열려있고, 중매를 통해서 만난 부잣집 딸과 결혼한다. 심지어 장인어른이 서울에 28평짜리 아파트까지 구해준다. 하지만 이런 행운 속에서도 주인공의 마음은 삭막하기만 하다. 입사까지는 쉬웠지만 갑자기 닥쳐온 IMF의 위기 속에서 많은 동료가 자기 뜻과는 상관없이 해고당하고 있었고, 상사의 압박은 자신에게까지 이어진다. 애써 마음을 다잡을 때마다 그는 출퇴근길의 신도림역을 떠올렸다.

마음이 약해질 때면, 결혼 전의 신입 시절을 떠올렸다. 인천의 집에서 전철로 출근하던, 또 전철을 타고 인천으로 돌아가던- 그 매일 매일의 러시아워와 신도림역을, 나는 생각했다. 삶은 단순하다. 삶은 절대로, 복잡한 것이 아니다. 러시아워 때의 신도림역에 가보면, 누구나 삶이 무엇인지 뼈저리게 알 수 있다. 가봐, 다시 돌아가기 싫지? 내 속의 '나'가 소리 질렀다. 자, 일어, 나자. '나' 밖의 내가 푸시맨처럼 '나'를 떠미는 완력을, 나는 느꼈다. 언제나, 느끼곤, 했다. 그 해의 6월은 그렇게 가고 있었다. 문이 막 닫히려는, 신도림의 전철처럼. 그렇게 급박하게, 그러나 정지한 것처럼, 선명하게. (p.236-237)

서울에서 출퇴근길을 겪어보지 않았다면 신도림역이 얼마나 끔찍하기에 이렇게 말하나 궁금해할 것이다. 먼저 신도림역에는 사람이 정말 많다. 신도림역이 1호선과 2호선 이렇게 두 개의 주요 노선이 지나는 환승역이기 때문이다. 출퇴근길에 신도림역에서 내리고 타는 사람들의 물결에 휩싸이다 보면 인간의 존엄성 따위는 바닥에 짓밟히게 된다.

무엇보다 많은 길이 있지만, 어디로 가야 할지 혼란스럽다는 점에서 신도림역은 인생과 비슷하다. 1호선과 2호선 모두 가지 노선이 시작되는 지점이기 때문에 미묘하게 다른 방향을 가리키는 이정표가 여기저기 붙어 있다. 익숙하지 않은 방향으로 가야 할 때면, 내가 제대로 된 방향의 이정표를 쫓아가고 있는지 혼란스럽기 그지없다. 실내에 있기 때문에 휴대폰 어플도 그다지 도움이 되지 않는다.

처음 신도림역에서 환승하던 날을 잊을 수 없다. 나름 중요한 일이 있는 날이라 시간적 여유를 넉넉히 갖고 출발했다. 그럼에도 불구하고, 신도림역에 서서 낯선 지명이 여기저기 붙어 있는 걸 보니 정신이 하나도 없었다. 울 것 같은 기분을 꾹 참고 사람들에게 물어물어 겨우 원하던 플랫폼을 찾아갔다. 제대로 찾아왔다는 안도감을 느끼며 지하철에 타고 있었는데, 내려야 할 역에서 정차하지 않고 그냥 지나가는 것 아닌가. 나중에 알고 보니 그건 급행열차였기 때문이었다. 마지막 순간까지 마음을 놓아서는 안 되며, 꼭 빨리 가는 것이 좋은 것이 아니라는 점마저도 인생과 같지 않은가.

주인공도 마찬가지였다. 남들이 옳다고 말하는 방향대로 잘 성장하는 듯했지만, 그 과정에서 지쳤던 아내와는 헤어졌고 심지어 3차 구조조정의 대상자임을 통보하는 메일을 받고 만다. 그렇게 인생의 방향과 속력을 잃어버린 주인공의 곁을 갑자기 누군가가 돌아와서 지킨다. 바로 왕년의 삼미 슈퍼스타즈 어린이 팬클럽 전우, 조성훈이었다.

남양주는 야구하기에 참 좋지

　조성훈은 주인공이 IMF나 경제 위기로 인해 퇴직을 맞이한 것이, 그래서 세상에 진 것이 결코 부끄러운 게 아니라고 설득한다. 그리고 캐치볼이나 하자며 주인공이 다시 햇빛 아래에 설 수 있도록 끌고 나온다.

　　그랬다. 아주 오래전 우리는 늘 이런 식으로 공을 주고받았다. 최대한의 거리를 유지하기 전까지 다이렉트로 공을 주고받다가 그 다음엔 플라이 볼, 그 다음엔 원 바운드 투 바운드 순의 땅볼들을 상대에게 던져주었다. 기억을 따라 나는 글러브를 추어올렸고, 공을 따라 공을 따라 시선은 허공으로 올라갔다. 그때였다. 매미들의 울음이 갑자기 멈춘 것은, 그리고 공이 시야에서 사라진 것은. 그 대신 나는 무언가 거대하고 광활한 것이 내 머리 위에 존재하고 있음을 알 수 있었다.
　　그것은 하늘이었다.
　　말도 안되게 거대하고 광활했으며, 맑고 투명했으며, 눈이 부시도록 푸르고 아름다웠으며, 직장 생활을 시작한 후로 처음 본 하늘이었다. 그만 나는 움직일 수 없었고, 내가 무엇인지를 망각했고, 내가 어디에 속해 있는지, 나의 계급이 무엇인지를 잊어버리고 말았다. (p.256-257)

오랜만에 하늘을 보며 주인공은 자신이 이유 없이 서두르기만 하는 삶을 살았다는 것을 깨닫는다. 그러자 조성훈은 이때다 싶었는지 엄청난 이야기를 쏟아내기 시작한다. 프로야구가 시작됨에 따라 세상은 모두가 프로가 될 것을 종용하였고, 동시에 프로가 되지 못하는 것은 능력 부족이니 자신을 부끄러워하게 만들었다고 말이다. 그 바람에 모두가 경쟁을 통해서 더 많은 일을 하는 풍토가 만들어졌지만, 삼미 슈퍼스타즈만이 '야구를 통한 자기수양'을 내세우며 이런 풍조에 반기를 들었다고 설명한다. 한참 동안 이어지는 조성훈의 독백을 읽다 보면 설득이 되었다가 개똥철학이라고 코웃음이 나오다가 하며 갈팡질팡하게 된다.

그 '자신의 야구'가 뭔데?

그건 '치기 힘든 공은 치지 않고, 잡기 힘든 공은 잡지 않는다'야. 그것이 바로 삼미가 완성한 '자신의 야구'지. 우승을 목표로 한 다른 팀들로선 절대 완성할 수 없는– 끊임없고 부단한 '야구를 통한 자기 수양'의 결과야. (p.269)

이런 개똥철학에 은근히 설득당한 건 주인공도 마찬가지였던지, 주인공은 서울에서의 삶과 집을 모두 정리하고 남양주 변두리의 1층 단독주택으로 이사한다. 새로운 집을 정한 근거는 집값이 싸고 야구를 하기에 좋다는 것뿐이었다. 이 집에서 조성훈은 하루에 3시간만 일하면 아사를 면할 수 있다는 이유로 우유 배달을 시작하고, 주인공은 여전히 갈팡질팡하면서도 느긋하게 지낸다.

근데 남양주에 가보면 저 마음을 진짜 이해할 거다. 서울에서 강변북로를 따라 동쪽으로 한참 달리다 보면, 도시의 색채가 점점 옅어진다

남양주 삼패야구장. 보는 순간 여기라면 삼미스러울 수 있겠다는 말이 절로 나온다.
왼쪽의 한강부터 오른편의 야구장까지 완벽하다.

싶을 때쯤 갑자기 우측으로 탁 트인 공간이 나타난다. 이게 뭐야 싶어서 차를 돌리면, 한강을 따라서 길게 이어지는 공원과 야구장을 만나게 되는 것이다. 좁은 틈에 꼭 끼워 맞춰야 하는 도심의 주차와는 달리, 이곳은 차들마저 주차선을 무시하고 삐뚤빼뚤 제멋대로 자리 잡고 있다. 아직도 떨떠름한 기분으로 걷다 보면 여기저기에 떨어진 야구공이 보인다. 헨젤과 그레텔처럼 야구공을 주워가며 따라 걸으니, 어느새 잘 갖춰진 야구장의 홈 플레이트 위에 서 있게 된다. 이쯤 되면 탄성이 터져 나와야 한다.

"허, 여기라면 진짜 삼미스러울만 한데?" 펜스 뒤로는 한강이 유유히 흐르고, 시원한 바람이 스쳐 가며, 그 위로는 파란 하늘이 펼쳐진다. 이런 풍경 속에서 야구 경기를 한다면 이기고 지는 건 아무런 의미가 없다. 애초에 패자 따위는 있을 수 없는 경기장이니까. 공과 친하지 않아도 상관없다. 주변을 슬렁슬렁 걸어 다녀도 좋고, 그마저도 귀찮다면 멀지 않은 곳에 그 전망을 내려다보며 커피를 마실 수 있는 카페도 많다.

그렇다고 대뜸 남양주로의 이사를 알아보지는 않았으면 한다. 조금 더 고려해야 할 사항이 있으니까. 카페에 앉아 있으면 주변에서 들려오는 이야기 때문이다. 내려다보는 풍경은 평화롭지만, 주변 사람들은 부동산 이야기만 하고 있다. 우연히 나란히 앉은 옆자리 손님은 초등학생쯤 되는 자녀를 둔 학부형 모임이었는데, 자리를 잡는 순간부터 떠날 때까지 그 동네 부동산 시세에 관한 이야기만 억억 하다가 갔다. 저 책이 쓰일 때쯤에는 어땠을지 모르겠지만, 지금은 서울의 어지간한 집을 팔더라도 남양주에 가서 조성훈처럼 우유 배달만 하면서 살 수는 없을 것이다.

잘 나가다가 삼천포에 빠졌다고?

진짜 인생다운 인생이 있는 곳을 찾는다면, 또 다른 후보 지역이 있다. 바로 책 속 삼미 슈퍼스타즈의 마지막 팬클럽 사람들이 여름 전지훈련을 떠난 곳이다. 조성훈은 주인공의 주변 사람들을 부추겨서 아마추어 야구단을 결성한다. 야구단 단원마다 야구에 관한 관심도 실력도 천차만별이지만, "너무 열심히 하지 말아야 한다."는 조성훈의 말만큼은 모두가 따르려고 노력한다.

너무 열심히 하지 않도록 노력해야 한다니. 이게 말인가 방구인가 싶다. 하지만 이런 아이러니는 우리 삶에서 흔히 일어난다. 직장인 몇이 모여서 커피 한 잔 마시며 회사 일에 대한 불만을 이야기하다 보면 대화의 끝은 언제나 "적당히 해! 어차피 일 더 한다고 돈 더 안 줘!"다. 근데 이 사람들이 직장으로 돌아가면 희한한 일이 벌어진다. 일이 자기 뜻대로 안 되면 화를 내고, 감정이 상하는 순간에도 버티고, 더 큰 성과를 이루기 위해 애쓴다. 적당히 하라는 말을 했던 사람마저도 같이 일하는 사람이 진짜 '적당히'만 일하면 오히려 그 사람을 비난한다.

어쩌다 이렇게 되어버린 걸까. 잘 되짚어보면 도덕 교과서에서 근면·성실해야 한다고 배웠고, TV에서는 해가 뜨기도 전에 1등으로 도서관에 들어가는 학생을 인터뷰했다. 하다못해 듣는 노래만 해도 TOP100만 듣지 않나. 그렇다 보니 우리가 표준이라고 믿는 삶은 사실 평균 이

상인 그런 요지경 세상을 살고 있는 거다.

그래서 책 속의 사람들도 '삼미스러운' 야구를 하는 데 어려움을 겪는다. 달리기 속도는 더 빨라야 할 거 같고, 상대편이 친 공이 아슬아슬하게 날아오면 몸을 던져서 수비해야 한다는 생각이 본능처럼 도사리고 있다. 그런 일이 벌어질 때마다 조성훈이 단원을 찾아가서 조용히 타이른다. 적당히 하라고.

그러면서도 남들 하는 건 다 하고 싶었던 건지, 그들도 전지훈련을 준비한다. 어디로 갈까 고민하며 지도를 들여보다가 만장일치로 결정한 곳은 바로 '삼천포'다. "삼천포가 삼미의 철학에 절대적으로 부합한다."는 말에 절대적으로 동의한다. 벌써 유행 지난 표현이 돼버렸지만 '삼천포에 빠졌다'라고 말하면 이야기가 이상한 방향으로 흘러가거나, 어떤 일이 엉뚱한 결과가 나왔다는 것이니까. 말하는 내용이나 의사결정이 도통 종잡을 수 없다는 점에서 이 야구단 사람들은 항상 삼천포에 빠져있다.

그런데 이 표현을 쓰는 것이 조금은 조심스럽다. 심지어 '삼천포에 빠졌다'라는 말이 비속어로 분류되어 있기 때문에 방송에서도 쓸 수 없다. 삼천포 사람들은 이 표현이 너무 싫어서 지명을 바꿔 달라고 요구하더니, 사천군과 통합을 하게 되면서 사천시라는 이름을 받아들였다. 대부분 지역은 통합 과정에서 서로 자신의 이름을 지키기 위하여 노력한다. 2010년에 마산과 진해가 창원시로 통합될 때에도 창원시의 이름으로 합쳐지는 것에 대해서 엄청난 반대가 있었다. 오죽하면 2018년에 NC 다이노스 야구팀의 홈구장에 '마산'이라는 이름을 넣어달라는 기자회견까지 있었을까. 이에 비하면 삼천포 사람들은 상대적으로 편안하게 사천이라는 이름을 받아들였음을 알 수 있다. 사천시로 통합될 만큼 삼천포라는 표현을 싫어했던 거다.

그래도 삼천포의 역사를 생각하면 꽤나 섭섭하다. 삼천포라는 이름은 무려 고려 시대부터 이어졌기 때문이다. 고려 시대부터 이 지역에는 포구가 발달했었기 때문에, 인근 지역에서 세금으로 낼 쌀을 모아두는 창고가 있었다. 이 창고로부터 고려의 수도 개경까지 거리가 뱃길로 3,000리이기 때문에 삼천포가 되었다고 한다. 이제는 사천시가 되었으니 4,000리 거리에 뭐가 있는지 찾아봐야 하나. 아니면 둘이 합쳐 7,000리의 거리를 봐야 할까.

하지만 삼천포가 '삼천포에 빠졌다'라는 표현으로 알려진 것은 기차 때문이다. 역사적으로 오래된 포구인데도 유명세는 배가 아니라 기차 때문에 얻었다니 굉장한 역설이다. 한반도의 제일 남쪽 끝을 따라 경상도와 전라도를 연결하는 기차 노선이 있다. 경상남도 밀양시와 광주시를 연결하는 경전선이다. 말 그대로 경상도와 전라도를 연결한다고 해서 경전선이라고 불린다. 경전선은 경상도의 밀양(혹은 부산), 마산, 진주를 거쳐 전라도의 순천, 보성, 광주를 연결하는 주요 노선이다. 그중에서도 마산에서 순천역 사이는 지금도 하루에 네 번씩 기차가 오간다.

그렇다 보니 주변의 소도시로 향하는 기차 노선은 경전선을 중심으로 가지 치듯 빠져나온다. 삼천포를 연결하는 기차 노선도 마찬가지여서, 마산이나 순천에서 기차를 타고 삼천포로 가기 위해서는 경전선을 따라가다가 진주에서 삼천포행 진삼선 기차를 타야 했다. 하지만 환승을 할 필요는 없었다. 경전선과 진삼선을 오가는 열차는 복합열차이기 때문이다. 예를 들어서 마산에서 출발해서 순천을 간다면, 순천행과 삼천포행 열차를 앞뒤로 연결해놓았다. 그렇게 한참을 달려오다가 진주에

마산, 순천을 오가는 경전선과 삼천포에 빠졌다는 말의 시초가 된 진삼선

도착하면 두 열차를 연결하던 고리를 분리하여, 앞차는 계속 순천으로 달리게 하고 뒤차는 삼천포로 내려보냈다.

그렇다 보니 순천을 가려던 사람이 기차 뒤 칸에 앉아 세상모르고 자다가 정신을 차려보면 삼천포에 와있는 것이다. 말 그대로 잘 가다가 삼천포로 빠진 게 아닌가. 반대 방향으로 순천에서 마산으로 가는 기차 노선도 같은 방식으로 운영되었고, 같은 일이 자주 벌어졌다.

하지만 안타깝게도 이 표현의 근원이 된 진주의 개양역과 삼천포역은 이제 찾아볼 수 없다. 진삼선을 이용하는 사람의 수가 줄어들기 시작하면서 노선이 폐쇄되었기 때문이다. 철길은 거의 그대로 남아있지만, 현재는 인근에 있는 공군기지로 물건을 보급하는 목적으로만 사용되고 있다.

꿀 떨어지는 삼천포, 딱 떨어지는 수산시장

　책 속의 등장인물들은 잘 나가다 삼천포로 빠진 것을 나쁘거나 부끄러운 일이라고 생각하지 않는다. 만약에 기차를 타고 가다가 실수로 삼천포에 내리게 된 여행객이라도 마찬가지였을 거다. 어쩌다 삼천포에 가게 된 것이 축복일지도 모른다. 삼천포가 뭐가 그리 좋길래 거창하게 축복이라고까지 하냐고 다그치면 사실 할 말은 없다. 삼천포에 엄청나게 큰 건물이나 대단한 유적지나 숨 막히는 절경은 없으니까. 대신 조금만 여유를 갖고 주변을 둘러보면 애정이 퐁퐁 샘솟는 평화로운 풍경이 있고, 프로의 세상을 벗어난 적정 수준의 삶이 있다.

　일단 삼천포로 들어가기 전에, 사천시의 전체 지도를 한번 구경해보면 이거 참 희한하게 생겼다 싶을 거다. 한려해상국립공원에 속해있을 만큼 섬도 많고 바닷가 해안선도 구불구불하다는 건 알고 있다. 하지만 사천시가 바다와 맞닿아 있는 방식은 유독 특이하다. 마치 바다가 사천시를 딱 두 개로 쪼개버리려는 듯 육지를 깊이 파고 들어갔다. 이쯤이 되면 바다를 중심으로 두 개 지역으로 쪼갤 법한데, 인간의 행정구역은 바다를 초월했나 보다. 바다가 갈라놓은 두 개 지역을 연결해주는 것은 거대한 사천대교다. 사천시 이곳저곳을 오고 가다 보면 하루에도 두세 번씩 이 다리를 건너게 된다.

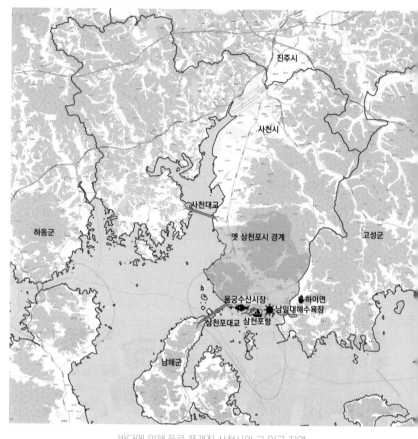

바다에 의해 둘로 쪼개진 사천시와 그 인근 지역

　사천대교는 1995년에 착공해서 2003년에 개통했다고 하니 무려 7년이 넘는 기간 동안 건설한 것이다. 직접 자동차를 타고 그 위를 건너다 보면 공사 기간이 그리 길었던 이유가 이해된다. 한참을 달려도 아직도 더 가야 하나 싶게 다리가 이어진다. 다리가 없을 때는 바닷가를 따라서 40분 이상 굽이굽이 달려야만 했는데, 지금은 이 다리 덕분에 10분 정도면 반대편으로 이동할 수 있게 되었단다.

삼천포는 바다를 중심으로 갈라진 사천시의 양쪽 날개 중에서 오른쪽 끝에 있다. 삼천포의 이름이 포구에서 왔으니까, 삼천포에 왔다면 진짜 포구에 가봐야 하지 않을까? 울산이나 거제, 여수와 같이 거대한 항구를 몇 번 봤던 사람이 삼천포항을 보면 "애개"라는 소리가 절로 나오게 작다.

하지만 여기를 얕봐서는 안 된다. 한때 어업으로 유명했던 지역답게 수산시장이 정말 잘 정돈되어 있기 때문이다. 삼천포 수산시장은 삼천포항과 바로 이어져 있다. 바닷가를 따라서 길쭉한 건물로 들어서면 양쪽으로 길게 늘어선 매장에 깜짝 놀랄 수밖에 없다. 더욱더 놀라운 점은 정말 정돈이 잘되어 있다는 것이다. 여느 관광지의 수산시장을 방

정갈하게 정돈된 삼천포 용궁 수산시장

문해보면, 원산지를 알 수 없는 건어물까지 죄다 늘어놓고 가게 앞까지 나와서 소리 높여 홍보하곤 한다. 그 모습에 질려 몇 걸음 들어가지도 않고 뒤돌아선 적도 있다. 하지만 삼천포 용궁 수산시장에는 그런 일이 없다. 칼로 잰 듯 정돈된 매장마다 진짜 싱싱한 수산물이 줄지어 늘어서 있기 때문이다. 대체로 가격도 저렴해서 한 바퀴 돌아보다 보면, 어디서 뭘 얼마만큼 사야 하느냐는 고민에 빠진다. 그럴 때면 시장 한가운데에서 호떡부터 하나 베어 물고서 천천히 고민하면 된다. 여기가 수산시장인가 호떡 맛집인가 싶게 꿀이 뚝뚝 흘러나오는 호떡이 단돈 500원이니까.

코끼리 바위와 남일대 해수욕장

    거기에서 동쪽으로 조금만 이동하면 삼미 슈퍼스타즈의 마지막 팬클럽이 전지훈련을 했던 남일대 해수욕장이 나온다. 주차를 마치고 딱 돌아서는 순간 "동네 사우나탕 정도의 규모를 지닌 국내 최소의 해수욕장"이라던 책의 표현을 떠올렸다.

>   남일대 해수욕장의 백사장은 어떤 코스를 만들어도 100m가 나오지 않았다. 어럽쇼, 80m도, 70m도 나오지 않았다. 결국 브론토의 처남은 50m의 직선 코스를 정해 50m 달리기를 실시했다. 실로 50m도 빠듯한 백사장이었다. *(p.296)*

    흔히 바닷가를 묘사할 때는 "끝없이 펼쳐진 백사장"이라거나 "바다를 따라 오래오래 걸었다."라는 것처럼 넓다고 얘기하지 않나. 그런데 오히려 얼마나 작은지를 강조한 표현이었기 때문에 더 궁금했다. 물론 동네 사우나탕보다는 넓다. 하지만 살면서 본 것 중에 가장 아담한 해수욕장인 건 맞다. 만처럼 안쪽으로 오목한 형태다 보니, 좌우로 고개 돌릴 필요 없이 한눈에 해수욕장이 들어온다.

    세상에는 숫자로 말해줘야만 믿는 사람도 있다. 남일대 해수욕장이 얼마나 작은지 믿지 못할 사람이 있을 거 같아서 파도가 치는 바다를 왼쪽

책에서 동네 사우나탕만 하다고 했을 만큼 아담한 남일대 해수욕장

에 끼고 모래사장 이쪽 끝에서 반대쪽 끝까지 걸어보았다. 딱 265걸음. 성큼성큼이 아니라 아장아장에 가까운 걸음걸이였음에도 그것밖에 안된다. 일반적인 성인의 평균 보폭이 75㎝라고 하니, 아무리 넉넉잡아도 200m도 안되겠다. 달리기 연습을 할 직선거리로 겨우 50m를 잡았다는 것이 아주 과장이 아닌가 보다.

　그래도 작다고 너무 얕보지는 않았으면 좋겠다. 모래사장 뒤편으로는 슈퍼, 식당, 민박이 줄지어 있다. 여느 관광지 해수욕장에는 워낙 가게가 많다 보니 모든 간판이 번쩍번쩍 거리며 "우리 가게로 오세요!!"라고 소리라도 치듯이 생존 경쟁을 펼치지 않던가. 그런데 여기 남일대 해수욕장에는 딱 필요한 개수의 가게들이 있다 보니, 간판들도 사이좋게 붙어 있을 뿐이다. 이곳의 간판은 소리치듯 번쩍이지 않고, 조용히 자신이 겪은 바다의 시간만 드러내 보인다.

바다를 마주 보고 왼쪽으로 눈을 옮기면 두 가지 신기한 것을 발견할 수 있다. 먼저 눈에 띄는 것은 언덕 위의 구조물이다. 그 구조물에는 아주 긴 케이블이 연결되어 있어서 백사장 오른쪽 끝까지 이어져 있다. 자세히 보니 케이블에 매달려 빠르게 이동하면서 바다 위 풍경을 볼 수 있는 집라인이다.

거기에서 조금 더 시선을 옮기면 아주 독특한 형태의 바위가 눈에 들어온다. 프랑스 북서쪽 노르망디 지역에 가면 에트르타라고 불리는 작은 바다 마을이 있다. 지역 이름을 아는 사람은 별로 없겠지만, 그곳 해변의 사진을 보여주면 많은 사람이 "아, 여기 본 적 있어!"라고 말할 거다. 여기에는 작가 모파상이 '물에 담그고 앉아 있는 코끼리'라고 묘사한 독특한 모양의 바위가 있다. 쿠르베, 모네, 마티스, 르누아르 등 유명한 프랑스 화가들이 여기의 풍경을 화폭에 담았다. 특히 모네가 코끼리 바위를 서로 다른 시간에 여러 번 그린 덕분에 이곳 풍경이 눈에 익은 것이다.

군이 관심도 없을법한 프랑스 바닷가 마을 이야기를 이렇게나 오래 하는 이유는, 이곳 남일대 해수욕장에도 똑같이 생긴 코끼리 바위가 있기 때문이다. 거대한 코끼리가 코 끝을 바다에 담그고, 먼바다를 바라보고 있다. 이 풍경을 보고 있으면 파도가 어떠한 특별한 애정을 갖고 조각한 것일지 궁금해진다. 그 근처까지 산책로가 이어지니까 바다를 따라 꼬불꼬불 걸어가면 코끼리를 가까이서 볼 수도 있다.

하지만 코끼리를 보기에 가장 좋은 위치를 찾는다면 바다를 마주 보고 해변의 오른쪽으로 가야 한다. 여기에는 바다를 향해 쑥 튀어나온 파란색 전망대가 있다. 이곳에 올라서면 아담하게 자리 잡은 해수욕장과 코끼리 바위가 한눈에 내다보인다. 그 아래로는 바다가 펼쳐져 있는

착한 사람 눈에는 남일대 해수욕장의 코끼리 바위도 집라인도 보인다!

데, 전망대가 제법 높은데도 물속이 투명하게 들여다보인다. 날씨가 적당히 더울 때 방문한다면 당장 물속에 뛰어들고 싶은 욕구를 참기 어려울 거다.

날씨가 춥다 할지라도 걱정할 것 없다. 바로 뒤에 해수 찜질방이 있으니까. 남일대 해수욕장을 둘러싸는 건물 중에서는 가장 규모가 큰 건물이다. 건물 내부에서는 해수욕장을 한눈에 내려다보면서 찜질을 즐길 수 있다고 한다. 어떤 사람의 후기처럼 남일대 해수욕장은 아담하지만 없는 거 빼고는 다 있는 곳이다. 신기한 풍경을 보면서 산책을 하다가 바닷물에서 텀벙거릴 수 있다니 안 갈 이유가 없지 않은가.

하이(High)해지려면 하이(Hi)면으로

야구단 사람들도 이곳의 매력에 푹 빠졌나 보다. 전지훈련이라는 핑계를 댔지만, 훈련보다는 이곳만의 편안함에 녹아들고 말았다.

> 우리가 짐을 푼 곳은 삼천포항에서 조금 떨어진 '하이면(下二面)'이라는 이름의 해변 마을이었다. 보기에 따라 아름다울 수도, 생각하기에 따라 그저 그럴 수도 있는 한적한 시골이다. 작은 학교가 있고, 작은 우체국이 있고, 작은 농협이 있고, 작은 집들이 있다. 그리고 그 주변으로 어마어마한 크기의 논과, 하늘과, 바다가 있다. (p.294)

주인공의 야구단이 전지훈련 기간에 머물렀던 동네는 하이면이라고 했다. 사실 하이면은 행정구역상 예전의 삼천포나 지금의 사천시에 포함되지 않는다. 고성군 하이면이다. 다만 남일대 해수욕장에서 하이면 사무소까지 큰길을 따라서 2㎞ 정도밖에 되지 않는 워낙 가까운 거리이다 보니 하이면에 숙소를 두고, 남일대 해수욕장까지 훈련하러 다닐 수 있었던 것이다.

하이면은 책의 표현 그대로 없는 거 빼고 다 있다. 하이면사무소가 위치한 사거리는 2차로의 도로가 서로 교차하는 길이다. 이곳에 서서 한 바퀴 삥 둘러보면 하나로마트, 편의점, 농협, 파출소, 우체국, 방앗간, 초

읽을지도,
그러다 떠날지도   195

등학교, 체육공원까지 눈에 띈다. 이곳 사거리에 말 그대로 없는 거 빼고 다 있는 거다. 심지어 요거트처럼 상큼한 향과 부드러운 질감을 가진 막걸리를 만드는 양조장까지 있다. 공장문을 열고 들어갈 용기만 있다면 단독 900원으로 그날 아침에 만들어진 싱싱한 막걸리 한 통을 살 수 있다. 하이면에서 만들어지는 막걸리니까 이름도 순수하게 하이생막걸리. 부드럽게 넘어가는 막걸리를 딱 한 통만 비우면 여기저기 하이(Hi)라고 인사를 건넬 만큼 기분 좋게 하이(High)해진다.

이렇게 길만 건너도 새로운 매력을 가진 다른 지역이 나타나는 것이 지방 소도시의 매력일 것이다. 삼천포가 포함된 사천시는 길만 건너면 고성이고, 삼천포대교를 건너면 바로 남해지만, 서쪽으로는 하동과 옆구리를 맞대고 있고, 조금만 북쪽으로 가면 진주시가 있다. 반대편 지역 끝으로 이동하는데 한 시간 정도면 충분하니까 삼천포에 빠졌다가도 다른 지역으로 이동할 수 있고, 근처 지역에 왔다가도 삼천포에 빠질 수 있다.

혹시 컨추리사이드의 아기자기함은 자신과 잘 맞지 않는다고 생각하는가. 그것도 걱정하지 말자. 도시인이 바다의 매력을 즐길 수 있는 시설도 얼마든지 있다. 일단 삼천포에는 세계 유일 바다가 보이는 영화관이 있다. 상영관 한 쪽 벽 대신 거대한 통창이 있어서, 그곳에 들어서면 한 면 가득 바다가 펼쳐진다. 넓고 편안한 리클라이너 좌석에 앉아서 바다의 풍경을 감상하다가, 이어서 영화까지 볼 수 있다. 리조트 내부에 있는 데다가 좌석이 큼직큼직하다 보니 좌석이 몇 개 없다. 그러니 바다와 함께 영화를 보고 싶다면 예매를 하는 게 좋겠다. 뭐, 예매에 실패하더라도 너무 슬퍼할 필요는 없다.

이 주변에는 비슷한 뷰를 가진 카페가 몇 개 더 있다. 서쪽 바다를 향해 통창을 낸 카페가 드문드문 이어진다. 신발에 모래가 들어가는 게 싫거나, 시골 풍경 구경에는 관심이 없는 사람일지라도, 커피를 홀짝이며 붉게 타들어 가는 바다 풍경을 내려다보는 것은 마다하지 않겠지.

사실 주인공과 야구단 사람들이 이 동네를 좋아한 이유는 조금 달랐다. 주인공은 저곳에 '인간의 여러 가지 기준들을 한순간 달라지게 만드는 힘'이 있다고 했다. 항상 목표 이상의 목표를 좇느라 몸과 마음이 모두 바쁜 현대 사회와는 완전히 반대되는 삶이 있다고 말이다.

예를 들어서 하이면에 있는 거의 모든 가게는 해가 지면 문을 닫는다. 어딜 가나 연중무휴 24시간 불을 밝힌 편의점에 익숙했던 야구단의 흡연자는 마음을 놓고 있다가, 밤중에 담배가 떨어지자 30분 거리의 시내까지 운전해서 가야 했다. 낮이 된다고 해도 크게 다르지 않다. 그곳에는 목표를 향해 전전긍긍하며 뛰어다니는 사람이 하나도 없었다. 해가 뜨면 딱 해야 할 만큼의 일만 하고 해가 지면 잠자리에 드는, 삼미 슈퍼스타즈의 야구와 같은 삶이 있을 뿐이다. 야구단은 그곳에서 일주일을 보내며 온몸으로 삼미 슈퍼스타즈의 야구를 이해하게 되었다.

이렇게 삼천포의 매력을 줄줄이 쓰다 보니 '삼천포에 빠졌다'라는 말의 또 다른 의미가 보이지 않는가? 바로 '삼천포의 매력에 빠졌다'는 것 말이다.

삼천포에는 컨추리사이드의 아기자기함뿐 아니라,
바다가 보이는 영화관도 있고, 아름다운 뷰를 가진 카페도 많다.

삼천포에 빠지는 건 멋진 일이다!

　현재 우리 사회는 잘나가는 것에만 관심이 있다. 소속과 계급이 그 사람을 전적으로 결정하는 사회에 살고 있다. 잘 나가다 삼천포로 빠졌다? 소속과 계급이 미끄러지는 순간 그 사람은 일류가 아닌 이류 시민이다. 하지만 누구에게나 넘어지고 아프고, 어쩔 땐 내 척추로 온전히 서기 어려울 만큼 무너지는 순간이 오기도 한다. 온 힘을 다했지만 원하는 결과가 나오지 않을 때도 있다. 인생은 꼭 내가 계획하고 뜻한 대로 되지 않는다. 하지만 우리 사회는 이를 너그럽게 포용하지 못하는 사회이기 때문에 많은 사람이 가슴에 우울함을 안고 살아간다. 조그마한 추락에도 실패자라는 낙인을 찍어버리기 때문이다.

　폐쇄 병동에 방문해본 적이 있다. 우리 주변에 있을법한 평범한 사람들이 심각한 우울증으로 폐쇄 병동에 입원해 있는 모습을 보고, 그날 밤잠을 이룰 수 없었다. 전교 1등만 하다가 단 한 번의 중간고사를 완전히 망쳐서 과학고 진학이 어려워지게 되자 출석도 하지 않고 식음을 전폐한 중학생, 늘 1등만 하다가 의대에서는 성적이 원하는 만큼 나오지 않아 원하던 진료과 수련의로 가는 것에 실패하자 인생을 포기하고 결근을 밥 먹듯이 하며 여러 병원을 전전하다 폐쇄 병동에 환자로 들어온 의사, 오디션에 여러 차례 떨어지자 환청을 듣기 시작한 연기 지망생, 실패에 모든 것을 포기하고 일어설 힘을 잃어버린 사람들이 그곳에 있었다. 극단적인 예라고 할 수도 있다. 하지만 우리 누구나 다 실패의 쓰디쓴 경험으로 사람을 피하고 힘들었던 적이 있지 않은가. 우리 사회가 얼마나 삼천포로 빠지는 것에 대하여 관대하지 못한지, 그 속에서 병들어가는 개인이 얼마나 많은지. 마냥 남의 일이라고 단정 지을 순 없을 것이다. 그래서 책 속의 삼미 슈퍼스타즈의 마지막 팬클럽 일원들은 '프로'가 되어야 한다는 의식은 사회가 주입한 것이라며 반기를 들었다. "더 이상 치기 힘든 공을 치거나, 잡기 힘든 공을 잡기 위해 똥줄을 태우지 않는다."고 했다. 조르바는 이제는 국민연금을 내기 싫다는 이유로 뉴질랜드로 이민을 갔고, 브론토사우루스는 가게가 호황이지만 바빠지기 싫어서 작은 규모의 가게를 고집한다. 주인공은 조금이라도 더 개인의 시간을 확보할 수 있는 직장을 찾고 또 찾다가 작은 종합병원의 후생 관리 직원이 되었다. 하루 6시간만 일하는 삶을 찾은 것이다. 그리고 말한다.

"알고 보면, 인생의 모든 날은 휴일이다."

정신없이 앞으로 달려가야 한다는, 모두가 프로가 되어야 한다고 외치는 사회 속에서 이 책처럼 "프로의 인생은 잘못된 것이야. 진짜 인생은 삼천포에 있어."라고 단정 지어 말하기는 어려울지도 모른다. 프로 정신에 가장 앞장서서 반대하며, 삼미 정신을 외치는 팬클럽의 리더인 조성훈 역시 따지고 보면 일본에서 사카에라는 왕자님을 만나 경제적 구원을 받은 신데렐라와 같은 인물이다. 물론 조성훈이 신문 배달처럼 최소한의 경제활동은 했다지만, 신문 배달을 해서는 남양주의 볕 좋은 주택을 사기는커녕 당장 먹고 살기에도 부족하다는 사실을 우리 모두 알고 있지 않은가.

하지만 우리의 인생은 여러 형태와 여러 가치가 있으며 단적인 기준으로 인생의 성패를 나눌 수는 없다고, 삼미 슈퍼스타즈의 마지막 팬클럽은 그렇게 말한다. 삼천포의 매력에 빠진다면, 앞으로 달려 나가는 삶뿐 아니라 다른 방식의 삶도 나쁘지 않다는 것을 알 수 있다. 만약 그런 방식의 삶이 자신에게 맞지 않더라도 맛있는 해산물, 아름다운 바다, 소담한 주변 지역을 둘러보는 것 자체가 절대 손해는 아니다. 잘 나가다가 삼천포에 빠지는 것은, 아주 멋진 일이다.

안녕, 나는 지금 인천공항이야

잘 나가다가 삼천포로 빠지는 것은 분명 멋진 일이지만, 소설 『한국이 싫어서』의 주인공 계나는 한국에서는 더는 잘 나갈 것 같지 않아서 아예 호주로 빠지기로 했다. 『한국이 싫어서』의 줄거리는 다소 단순하다. 스스로 한국에서의 삶이 잘 맞지 않는다고 생각한 주인공이 호주로 워킹홀리데이를 떠나서 여러 사건을 겪으며, 자신이 한국을 떠난 이유와 의미가 무엇이었는지를 깨닫는다.

이야기는 공항에서 주인공인 계나가 남자친구 지명이와 헤어지는 장면에서부터 시작한다. 이별이라 하면 마냥 슬플 것 같지만 어떤 이별에는 홀가분함도 존재한다. 계나의 이별에는 애잔한 슬픔보다 지긋지긋했던 한국을 떠나면서 느끼는 해방감과 자유로움이 더 컸다.

공항에 가끔 이유 없이 놀러 간다던 친구가 있었다. 공항 벤치에 멍하니 앉아 오가는 사람들을 관찰하며 '저 사람은 무슨 일로 떠나는 걸까?', '지금 어떤 감정일까?'라는 상상을 하면 재밌다고 말이다. 생각해보면 공항에는 다양한 감정들이 뒤엉켜있다. 난생처음 보는 사람들이 정신없이 오고 가는 공항의 한가운데 서 있노라면 복합적인 감정들이 몽글몽글 피어난다. 이제는 해외여행도 많이들 다니니까 공항이 예전만큼 어렵고 낯선 곳은 아니라지만, 공항만이 줄 수 있는 복잡하고 섬세한 감정은 여전하다.

아마 많은 사람에게 공항은 새로운 곳으로 떠난다는 희망을 주는 자유로움과 설렘의 장소일 것이다. 동시에 누군가를 떠나보내야 하는 슬픔과 상실의 공간이기도 하다. 또 어떤 이에게는 불안하고 초조한 감정이 한껏 고조된 곳일 수도 있고 머나먼 곳에서 돌아온 이에게는 안도감을 선사하는 곳일 수도 있겠다. 또 어떤 사람은 보안대 앞에서 외투, 벨트, 신발을 벗고 가방까지 투시당하다 보면 약간의 수치심마저 느껴진다고 한다. 한 나라에서 다른 한 나라로 넘어가는 모호한 경계의 공간, 공항이 지닌 독특한 속성 때문이다. 공항은 개인에 대한 사적인 정보뿐 아니라 신체의 스캔까지도 보안이라는 이유로 용납되는, 어찌 보면 개인의 가장 기본적인 자유가 통제받는 곳이기도 하다. 당신이 자유를 찾아 떠나려면 일단 자유를 내려놓아야 한다니, 공항에는 이런 역설이 공존한다.

　더 주목해야 할 공항의 특성이 있다. 바로 계급성이 명료하게 드러난다는 점이다. 누구나 공평하게 떠날 수 있고, 인종, 국적, 빈부에 상관없이 똑같이 보안검색대를 통과해야 하는데 무슨 차별이 있느냐고? 우리는 지불 능력에 따라 서로 다른 티켓을 사게 된다는 걸 잊지 말자. 비즈니스석과 이코노미석이 나뉘고, 그에 따라 받는 서비스도 현저하게 달라진다. 더 비싼 티켓을 샀다면 비행기 탑승을 위하여 줄을 설 필요도 없고, 기내식도 일회용 식기에 담긴 도시락이 아니라 훨씬 더 고급진 식기에 코스요리를 받는다. 비행기 안에서 이용할 수 있는 공간도 완전히 다르다. 심지어 칸막이로 구분되어 있다. 퍼스트 클래스, 프레스티지 클래스, 비즈니스 클래스, 이코노미 클래스 등 항공권 등급에 따라 그 사람이 계급화된다. 지불하는 비용에 따라 철저하게 계급이 나누어지는 것이다.

호주행 비행기 이코노미석에 구겨 앉은 계나는 한국에 남았다고 해도 남자친구인 지명이와 신분 차이로 맺어지긴 힘들었을 거라는 생각을 했다. 사귀는 동안에도 지명이와 다투면 "난 어차피 한국에서는 2등 시민"이라며 자신의 상황을 비꼬았다. 한국에서는 사람 취급을 해주지 않으니까 접시를 닦아도 사람 취급해 주는 호주를 좋아하는 것이라는 말까지 했다. 한국에 살아온 지난 시간 동안, 계나는 알게 모르게 여러 가지 차별을 느꼈던 것이다. 그런 그녀가 자유를 찾아 호주로 떠나는 첫 번째 관문인 공항이 모두에게 평등한 것 같으면서도 한편으로는 계급성이 두드러지는 공간이라는 점이 정말 아이러니다. 호주에서도 또 다른 차별을 보고 경험하게 될 계나의 앞날을 엿보는 것만 같달까.

그런데, 한국이랑 왜 헤어졌어?

  헤어짐에는 다 나름의 이유가 있는 것이고, 굳이 떠나겠다고 결심한 사람에게 왜 헤어지느냐고 물어보는 것도 의미 없단 걸 안다. 그래도 항상 궁금하긴 하다. 그래서 한국과 이별을 선택한 계나에게도 물어보고 싶다. 한국이 이별한 남자친구 같은 존재라면, "계나야, 너는 그 애랑 왜 헤어졌어?"라고 말이다. 연인과 헤어질 때라면 "네가 싫어졌어. 너랑 더는 이 관계 유지 못 하겠다."라고 말을 하는 것처럼 계나도 "한국이 싫어서. 여기서는 도저히 못 살겠어서."라고 대답했다. 대체 왜 한국이 싫어졌는지, 왜 한국에서 못 살겠는지 알기 위해서는 일단 계나가 처한 상황을 좀 더 이해해야만 한다.

  20대 후반 여성인 계나는 부모님과 언니 혜나, 여동생 예나와 함께 살고 있으며 홍대를 졸업하고 역삼역에 있는 W종합금융이라는 회사에 다니고 있었다. 강남 출신의 꽤 부유한 집 아들인 지명이라는 남자친구도 있었고, 언뜻 보면 나쁘지 않게 혹은 괜찮게 살아가고 있는 듯 보인다. 그런데 왜 한국이 싫어졌을까? 남자친구인 지명이도 한국을 떠나려는 계나에게 한국의 좋은 점들을 이야기하며 가지 말라고 설득한다.

  호주에 가야겠다고 생각한 뒤에도 사실은 마음이 여러 번 흔들렸지. 지명도 그걸 눈치챘어. 그래서 나를 계속 설득하려 들었어. 이

런 식으로.

"한국이 그렇게 싫은 이유가 뭐니? 한국 되게 괜찮은 나라야. 구매
력 평가 기준으로 1인당 GDP를 따지면 20위권에 있는 나라야. 이
스라엘이나 이탈리아와 별 차이 없다고."

"아니, 난 우리나라 행복 지수 순위가 몇 위고 하는 문제는 관심
없어. 내가 행복해지고 싶다고. 그런데 난 여기서는 행복할 수 없
어." (p.61)

지명이 말에 적극적으로 동의하는 사람도 꽤 많을 것이다. 사람의 생
각은 다양하니까 당연히 그럴 수 있다고 생각한다. 그런데 연인과의 이
별을 한번 생각해보자. 그 사람이 아무리 좋은 조건과 장점이 있다 하더
라도, 나를 힘들게 하는 강력한 문제점이 있다면 우리는 기꺼이 이별을
선택한다. 행복과 불행은 양팔 저울에 놓인 것과 같아서 행복 쪽으로 기
울어질 때도 불행 쪽으로 기울어질 때도 있다. 그런데 행복의 추 하나와
불행의 추 하나는 같은 무게가 아니다. 어떤 행복의 추 하나는 많은 불
행의 추보다 더 무거울 수 있고, 반대로 어떤 불행의 추 하나가 여러 행
복의 추보다 더 무거울 수도 있다.

이건 사람마다 다 다르게 느끼기 때문에 계나에게 아무리 한국에서
느낄 수 있는 행복의 추가 많다고 설득해도 소용이 없는 것이다. 계나가
가진 커다란 불행의 추 하나를 이기지 못하니까 말이다. 결국 계나가 한
국에서 행복하지 않은 이유를 이해하기 위해서는 계나가 어떤 크기의
불행의 추를 얼마나 가졌는지를 살펴봐야 한다.

과연 영화는, 영화일까

계나가 사는 동네는 아현동 재정비 촉진지구이다. 서울 집값이 미친 듯이 치솟고 있는 현재 시점에서 '서울 마포구 아현동'이라 하면 집값이 꽤 나갈듯싶다. 하지만 계나의 동네를 쉽게 상상해 보려면 영화 〈기생충〉에서 송강호네 가족이 모여 살던 반지하 집을 생각하면 된다.

오래된 주택과 반지하 집, 엄청난 경사의 수많은 계단 그리고 전신주 위로 어지럽게 엉켜있는 전선. 그것이 바로 계나가 살던 동네의 풍경이다. 지하철 2호선 이대역과 충정로역 사이에 있는 지역으로 노후화된 주택단지가 꼬불꼬불한 골목길을 품고 있는 곳이다. 좁고 어둑한 골목으로 들어가면 창문도 제대로 없는 다방과 술집, 점집들이 오종종 모여있다.

> "아현동 뒷골목이 떠오르더라고. 아현동 뒷골목에는 '촛불'이니 '만남'이니 '개미굴'이니 하는 코딱지만 한 술집이 많아. 용화선녀니 처녀보살이니 하는 점집도. 자동차라도 한 대 골목에 들어오면 옆으로 서서 더러운 담장에 등을 붙이고 길을 내줘야 해." (p.32)

이 지역은 가구점이 밀집한 '북아현동 가구거리' 맞은편이기도 하다. 만리동 고개 아래쪽에 자리 잡아 경사가 심하다. 특히 5호선 애오개역

아현동 뒷골목의 술집들. 몇몇 가게만이 얄궂게 남아있다.

주변은 만리재와 애오개가 있는 언덕마을인 만큼 고지대에 있는 주택이 많다. 이 지역의 이름마저 고개가 많고 경사가 심한 것에서 유래하였다. 일단 아현은 애오개의 한자 이름이다. 애오개는 그 옆 충정로와 마포구 아현동을 잇는 고개의 옛 이름이다. 어린아이가 죽으면 이 고개 밖으로 묻었고 그 이름을 '아이고개'라고 불렀다는 데서 유래되었다고도 하고 '아이고'하며 고개를 힘들게 넘었다는 데서 유래했다고도 한다. 또 중구 만리동 큰 고개(만리재)보다 작은 고개이므로 아이 고개라고 한 것이라는 설도 있다.

이런 지리적 특성 때문에 영화 〈기생충〉의 스틸 컷에는 엄청난 경사의 계단이 보인다. 파란색 표지판을 자세히 보면 이 골목은 아현동 '환일1길'이라는 것을 알 수 있다. 이곳을 방문하면 영화 속 장면처럼 경사지고 가파른 언덕에 오래된 빌라가 빽빽이 모여 있다. 이 지역에 재개발 사업이 추진된 지 20년이 넘었지만, 몹시 더디게 진행되다 보니 동네가 전반적으로 낡았다. 그러는 사이 아현1구역(699번지)을 제외한 대부분의 아현동 일대는 뉴타운으로 바뀌었다.

소설 속에서 계나가 중학생 때부터 재개발 이야기가 돌았던 것도 현실을 그대로 반영하고 있다. 계나의 아버지는 재개발만 되면 가난에서 벗어날 수 있다고 믿었기 때문에, 10년이 넘도록 그 재개발만 바라고 계셨다. 그렇게 영영 안 올 줄 알았던 재개발이 계나가 호주 이민을 준비할 때에야 진척되었다.

그럼 그동안 계나는 어떻게 살았을까. 어렸을 때 쥐 잡는 끈끈이에 쥐가 붙으면 비명을 지르면서 재미있게 구경했다는 엄마의 이야기, 아현 고가도로에서 폐지를 줍느라 무단횡단하다가 뺑소니차에 치여 돌아가셨다는 계나의 할머니 이야기, 계나 친구가 연탄가스 중독으로 죽은 이야기 등을 종합해보면 계나의 삶이 얼마나 어려웠을지 눈앞에 그려진다. 계나가 어른이 된 후 상황은 좀 더 나아졌을까 싶지만, 소름 끼치도록 여전했다.

"언니, 거기 봉지에서 과자 좀 꺼내 줄래?"

예나가 내 뒷자리를 가리키며 부탁했어.

"아, 무슨 초콜릿인가 보네?"

내가 쿠키 모양으로 생긴 과자를 몇 개 꺼냈어.

"초코 과자는 안 샀는데."

예나가 고개를 갸우뚱하며 앉은뱅이상에 올린 쿠키를 보다가 갑자기 비명을 질렀어.

자세히 보니까 과자는 노란색인데, 그 표면을 개미가 새까맣게 뒤덮고 있어서 초콜릿으로 보였던 거야. 혜나 언니나 나나 모두 흠

읽을지도, 그러다 떠날지도   209

칫 놀랐지. 우리 집에 개미가 많은 건 알았지만, 와, 그때 그건 정
말. (p.101)

 예전에는 쥐가 나왔지만, 쥐가 더 이상 나오지 않는다고 해서 집의 위
생 상태가 나아진 건 아니었다. 쥐가 사라지자 바퀴벌레, 바퀴벌레 다
음에는 개미 떼가 나왔다. 변화는 있지만 더 나아진 건 없는 상황에서
계나는 이렇게 생각했다. 한국이 선진국이 되었다 하더라도 어떤 동네,
어떤 사람들은 옛날 그대로며 나아지는 게 없다고 말이다. 그리고 자
신 또한 한국에 가만히 있다고 더 나아질 거라는 보장은 없다고 생각
했다. 동네에 있던 아현시장만 해도 예전에는 번창한 곳이었지만 이제
는 대형마트와 쇼핑몰, 백화점 등에 밀려 재래시장으로서의 명맥만 유
지하고 있으니. 빠른 변화 속에서 까딱 흐름을 놓치면 오히려 더 나빠
지기에 십상이다.
 아, 혹시 궁금할까 봐 부연설명을 조금 해보자면, 아현시장은 1930
년대 초 서대문구 북아현동 굴레방다리를 중심으로 사람들이 모여 생
활필수품들을 사고팔면서 자연스럽게 만들어졌다. 그러다가 6·25전쟁
을 거치고 1960년대에 들어서며 남대문시장과 어깨를 나란히 하는 대
규모 시장으로 발전했는데 국가기록원에 전시된 사진을 보면 그 규모
를 짐작할 수 있다.

 현재의 아현시장을 만나려면 2호선 아현역 4번 출구로 나와 조금만
걸어가면 된다. 여기가 맞나 싶을 때쯤 '아이가 행복한 아현시장'이라
고 큼지막하게 적힌 간판이 반긴다. 아현이라는 이름이 '아이고개'에서
왔다던 유래를 떠올리며 고개를 끄덕였다. 지금의 아현시장은 홍보문

옛날의 아현시장

구 그대로 아이들이 오기에 즐거운 시장일 듯하다. 시장 입구에서부터 길게 이어진 길에 상점들이 양옆으로 들어서 있는데, 그 구간을 총 6개로 나누었다. 그 구간마다 아현이길, 수현이길, 다람이길, 황금이길, 미도길, 힙쏭이길 등의 귀여운 이름을 가지고 있고, 각자 대표 캐릭터도 있다.

시장이라면 역시 먹거리가 빠질 수 없지. 혹여나 주전부리를 파는 집을 하나라도 놓칠세라 입구에 들어서면서부터 양옆에 늘어선 가게를 매의 눈으로 스캔했다. 가는 날이 장날인 것인지 장날이 아닌지, 안쪽으로 들어갈수록 문을 연 곳이 몇 군데 없다. 점점 더 빈 매장이나 문 닫은 가게가 많이 보인다. 안쪽에 가면 더 맛있는 것이 있을지 모른다며 입구쪽 가게들을 모른 척했던 것이 후회됐다.

그나마 눈이라도 즐거워서 다행이랄까. 비가 오는 날에도 우산을 쓰지 않고 장을 볼 수 있도록 비가림막을 씌워놨는데, 곳곳에 시장에 관련된 아이들의 그림으로 채워져 있었다. 더 깊숙이 시장 안쪽으로 들어가

아현시장 입구 그리고 내부의 모습

니 둘이 어깨를 나란히 하고 걸으면 자주 길을 비켜주어야 할 만큼 길이 좁아진다. 좁은 골목 틈으로 선녀보살 같은 간판을 내걸고 있는 집이 보이기 시작하더니, 갑자기 시장이 끝났다. 그리고 그 너머로 거대한 아파트 단지가 들어서고 있었다.

　어쩌면 지금까지 계나가 이곳에 살았더라면 조금은 더 나은 삶을 꿈꿨을지도 모르겠다. 서울의 대표적인 달동네였던 아현동은 2000년대 초부터 재개발 열풍을 타고 한 구역, 한 구역씩 이국적인 이름의 브랜드 아파트들로 채워지기 시작했다. 현재는 아현 1구역을 제외하고는 거의 재개발이 완료된 상태고, 집값 또한 매년 아주 성실하게 오르고 있다.

　아현동 재정비 촉진지구에 살던 계나네 식구들 역시 18평 아파트를 분양받았다. 1억 원만 더 있으면 24평으로도 갈 수 있었기 때문에, 계나네 아빠는 계나에게 2천만원을 빌리고 여기저기에서 대출을 끌어모아 보려고 했다. 그러나 그 당시 계나는 더는 미래가 보이지 않는다고 생각했고, 2천만원을 미래가치 대신 현재의 행복을 실험하는 데에 쓰기로 마음먹는다. 아직 꽃샘추위가 채 가시지 않은 차가운 3월, 한국을 떠나기로 한 것이다. 여기까지 쓰면서 "계나야… 왜 그랬어…. 그 집 값이 지금 몇 배가 뛰었는지 알고 있니?"라고 말하고 싶어진다는 사실이 서글프다.

아현동의 오래된 주택가와 새로 지어진 브랜드 아파트가 묘한 대비를 이룬다.

나만 아침마다 지옥철 타는 거 아니죠?

출퇴근길이라도 좀 편했으면 계나가 안 떠났으려나. 직주근접의 행운을 가진 직장인은 이해 못 하겠지만, 집과 일터가 먼 대부분은 버스나 지하철 같은 대중교통을 이용하게 된다. 아니, 지하철이라 쓰고 지옥철이라 읽어야 한다. 계나 역시 그 고통을 알기 위해서는 아현역에서 역삼역까지의 출근길을 무조건 체험해봐야 한다고 말했다.

> 한국에서 회사 다닐 때는 매일 울면서 다녔어. 회사 일보다는 출퇴근 때문에. 아침에 지하철 2호선을 타고 아현역에서 역삼역까지 신도림 거쳐서 가본 적 있어? 인간성이고 존엄이고 뭐고 간에 생존의 문제 앞에서는 다 장식품 같은 거라는 사실을 몸으로 알게 돼. 신도림에서 사당까지는 몸이 끼이다 못해 쇄골이 다 아플 지경이야. 사람들에 눌려서. 그렇게 2호선을 탈 때마다 생각하지. 내가 전생에 무슨 죄를 지었을까 하고. 나라를 팔아 먹었나? 보험 사기라도 저질렀나? 주변 사람들을 보면서도 생각해. 너희들은 무슨 죄를 지었니? (p.16)

거의 같은 경로로 출퇴근했던 경험에 따르면, 저런 생각은 솔직히 와닿지 않는다. 전생에 죄를 저질러서 그 벌로 현재 지옥철을 타고 있는 거냐니, 그렇게 찬찬히 되짚어볼 마음의 여유조차 없다. 오히려 처절함을 느끼지 않도록 정신을 놓고 혼이 빠진 상태로 다녀야 차라리 덜 힘들었다. 아니, 회사 생활도 힘든데 회사로 가는 길이 이리도 험난하면 어쩌란 말인가. 자가용을 이용한다 하더라도 토할 것 같은 교통 체증과 주차 전쟁을 치러내야 하니, 결국 전쟁이냐 지옥이냐의 문제일 뿐 도심 내 출퇴근은 너무나 힘들다.

"계나처럼 2호선 타시는 분들, 모두 힘내세요!"라고 말하기엔 9호선 이용 출퇴근자가 서운할 수도 있겠다. 현재 서울 지하철 혼잡도 1위 구간은 9호선 구간이 모조리 차지하고 있기 때문이다. 지하철 혼잡도를 말할 때 지하철 한 칸에 160명 정도가 탑승한 것을 100%의 기준으로 삼는다고 한다. 한 칸에 사람들이 여유롭게 서 있거나 앞에 사람들이 서 있어서 시야가 다소 막히는 정도다. 그런데 염창역에서 당산역 구간을 보면 혼잡도가 200%를 넘어간다. 한 칸에 320명 이상이 타 있다는 의미인데, 이는 서로 몸과 얼굴이 밀착되어 이미 숨이 막히는 상태다. 이러니 출퇴근길에서 가장 많이 하는 생각은 "하아, 집에 가고 싶다."가 아닐까?

어느 구간이든 한 번이라도 지옥철을 경험한 사람이라면, 한시라도 빨리 지하철을 벗어나고 싶을 것이다. 아니 그 순간만큼은, 지하철이 아니라 아예 한국을 떠나고 싶을 수도 있다. 단순히 혼잡한 지하철에서의 탈출을 넘어 매일 반복되는 지긋지긋한 상황 자체를 벗어나고 싶은 것일 테니.

생각해보면 계나의 일상 중에서 지옥철에서의 시간이 엄청나다. 계나는 서울을 크게 한 바퀴 두르는 2호선을 따라, 집이 있는 아현역부터 역삼역의 회사까지 출퇴근했다. 최소 환승 조건으로 길 찾기를 해보니, 아현역부터 서울 북동쪽을 거쳐 시계 방향으로 2호선을 쭉 타고 가면 역삼역까지 43분이 걸린다고 나온다. 오잉? 계나가 신도림역에서 사당역을 거쳐서 가니 쇄골뼈가 다 아플 정도라고 했는데? 그 동선처럼 아현역부터, 이대역, 신촌역을 따라 역삼역으로 향하는 반시계방향을 따라 확인해보니 46분이 걸린다. 2호선을 타는 사람들이 자주 하는 실수다. 원형 구간의 반대편 끝으로 이동할 때, 별생각 없이 익숙한 방향을 선택하는 거다. 시계 방향으로 반대쪽 노선을 따라 출퇴근했더라면 시간도 조금 더 짧고 사람도 적은 편이라 계나가 조금은 덜 힘들었을 텐데. 미리 알려주지 못해 안타깝다.

마음이 추우면 온 세상이 다 춥지

아니, 아무리 출퇴근이 힘들어도 날씨라도 좀 따뜻했다면 나았으려나. 물론 모든 이별에는 이유가 있겠지만, '내가 이랬더라면 우린 안 헤어졌을까'라고 청승을 떠는 시기가 있지 않나. 그래도 계나는 한국과 헤어졌겠지만, 괜히 날씨를 가지고 미련을 부려본다.

사실 출퇴근 다음으로 한국에서 견디기 힘들었던 게 추위였거든. 한국에 있을 때에는 매년 9월만 되면 벌써 올해 겨울은 얼마나 추울까, 내가 과연 버틸 수 있을까 하는 두려움에 빠졌어. 농담이 아니라 매해 겨울 동상 위기를 겪었어. (p.32)

한국의 겨울 추위가 귀가 떨어져 나갈 만큼 매섭다는 건 이미 알고 있다. 하지만 계나가 말하는 추위는 일반적인 추위를 넘어선다. 아마도 계나가 체감하는 추위는 계절적 추위에 심리적 추위가 더해졌을 가능성이 있다. 이 심리적 추위는 계나를 바라보는 일그러진 시선에서 시작되었을 것이라 짐작한다. 우리는 그것을 편견과 차별이라 부른다.

계나는 남자친구인 지명이의 가족과 식사를 했을 때 이미 그 차가운 공기를 느낄 수 있었다. 지명이네 가족은 대학교수인 아버지와 '강남 유한 마담'인 엄마, 대학원에서 유아교육을 공부하고 있는 '유한마담 후보

생'인 누나와 강남에 살고 있었다. 이와 달리 계나는 경비 일을 하시는 아버지, 커피숍에서 아르바이트하는 언니와 그냥 놀고 있는 동생과 아현동 뒷골목에서 살고 있었기 때문에, 미리 마음의 준비를 하고 지명이의 가족 모임에 참석했다. 전형적인 한국 부모가 아들의 여자친구에게 던지는 질문을 어느 정도 예상하며 그 자리에 앉아 있었지만, 지명이 부모님은 아무것도 묻지 않으셨다. 심지어 지명이를 제외하고는 아무도 눈길조차 주지 않았다.

물론 이 상황에 대해 배려심이 차고 넘치는 지명이의 설명은 이렇다. 부모님께 계나의 집안 사정을 미리 말씀드렸고, 그 때문에 곤란하게 하는 질문을 아예 하지 않으셨다는 것. "아~ 그랬구나. 날 배려해줘서 그랬던 거구나."라고 받아들이기에는 배려라는 이름으로 포장된 무시와 차별이 있음을 계나는 충분히 느낄 수 있었다.

그 와중에 지명이는 쓸데없이 솔직하다. 두 달 뒤쯤 지나서 지명이가 아버지에게 계나와 헤어지라고 말하는 메일을 받았지만, 자신은 그런 생각이 추호도 없다며 떠듬떠듬 말한다. 이것만 봐도 지난 가족 모임의 상황이 계나를 위한 배려가 아니었으며, 지명이의 부모님은 계나를 받아들일 생각이 전혀 없었음이 뻔히 보인다. 무엇보다 "우리 부모님이 너랑 헤어지래."라고 그대로 전달하는 지명이를 보며 이건 뭐 순수한 것인지, 멍청한 것인지, 아니면 대화 기술이 부족한 것인지 고개가 절레절레 흔들어진다.

"이참에 효도나 해라. 우리 헤어져."라고 말하는 사이다 발언이 꽤 시원했지만, 그렇게 말하는 계나의 마음은 꽁꽁 얼어붙었을 것이다. 연애 사업 이외에도 취업이나 회사 생활처럼, 매일의 일상에서 이런 차별과 무시를 당하는 일이 잦았을 테니까.

그런데 심리적 추위는 계나만이 느끼는 특수한 증상이 아니라 우리 사회에 많은 사람이 느끼고 있었나 보다. 『한국이 싫어서』가 출간된 2015년, 한 리서치 기관(마크로밀엠브레인)에서 고등학생부터 50대 직장인까지 총 1천 명을 대상으로 마음의 온도를 주제로 조사한 적이 있다.

심리적 추위와 계절적 추위 중 어느 것이 더 힘드냐는 질문에 78.1%가 심리적 추위라고 대답했다. 그리고 심리적 체감 온도인 마음의 온도는 몇 도냐는 질문에 대한 응답의 평균값은 약 영하 14도로 나타났다. 심지어 79.1%의 사람들이 앞으로 마음의 온도는 더 낮아질 것이라고 답했다. 롱패딩이 미친 듯이 팔리던 그해의 겨울을 생각해보면, 잠시 잊고 있던 영하 14도의 추위가 다시금 느껴진다. 그 정도 추위를 마음으로 느낀다니, 다들 마음에 시베리아 벌판 하나씩은 품고 사는가 보다.

앞선 설문조사에 마음의 온도가 더 낮아질 거라고 답했던 이유를 살펴보자. 가장 많이 나왔던 답변은 "갈수록 경쟁이 더 치열해지는 세상이 될 것 같아서"였다. 물론 그 이외에도 사람들은 경제 전망이 밝지 않아서, 마음을 나눌 수 있는 진정한 소통이 줄어들어서, 세상인심이 각박해져서, 여가 및 휴식이 부족해서 마음의 온도가 낮아진다고 말했다. 우리 사회는 앞으로도 경쟁은 심해지고, 경제 성장률도 점점 더 낮아질 일만 남았다는데. 어쩌지?

그래서 등장했던 단어가 바로 헬조선. 현재 우리 사회 전반에서 앞으로 더 나아질 거라는 희망과 가능성이 점점 줄어들고 있는 상황을 비유적으로 일컫는 말이다. 한 국가명 앞에 '헬(Hell, 지옥)'이라는 단어를 붙이다니, 극단적이다. 얼마나 싫고 괴로웠으면 지옥이라 표현했을까.

하지만 지명이 놈은 또 그럴 거다. 아무리 그래도 객관적으로 전 세계 다른 국가에 비하면 한국은 살기 좋은 곳이라고 말이다. 한국에서는 먹을 것이 없어서 굶어 죽는 경우가 거의 없고, GDP도 여전히 조금씩 높아지고 있으며, 누릴 수 있는 물질문명과 편리도 크다는 것은 사실이다. 하지만 꼭 반박하고 싶다. '더 나아진다'는 건 절대적인 기준이 아니라 상대적이다.

같은 노력을 부었을 때 얻을 수 있는 성과에 격차가 크다고 느끼기 때문이다. 한국인은 대체로 상승 욕구가 큰 편이다. 하지만 IMF 이후 소위 금수저로 통칭하는 기득권층은 더욱 견고해졌고, 고용 안정성은 낮아졌으며, 타고난 부의 크기를 뒤엎을 수 있는 신분 상승의 기회는 줄어들었다. 사회적으로 권장되는 길에서 한 번만 어긋나도 기회는 급격히 멀어진다. 시작점부터 격차가 크니, 여러모로 현재 상황을 뒤엎기 어려운 게 사실이다.

여기서 포인트는 '더 나아질 거라는 희망'이다. 그 가능성만 공정하고 충분하다면, 그래도 현재의 어려움을 버티며 앞으로 나아갈 수 있다. 그러나 계나는 그 희망이 희박하다고 판단했다. 여기서는 경쟁을 해도 만년 2등 시민일 것 같고, 신분 상승의 기회는 보이지도 않고, 무엇보다 한 번 낙오되면 아주 사람 취급도 안 해준다고. 그러니 배려나 존중 따위는 기대할 수 없다고.

피로 파괴가 일으킨 굉장한 나비효과

피로 파괴라는 말이 있다. 콘크리트처럼 아주 단단한 물체라도 작은 충격이 쌓이고 쌓이면, 어느 순간 약한 충격에도 무너지는 현상을 나타내는 용어다. 물체가 반복적으로 하중을 받으면 내부에 균열이 생기게 되고, 그 균열이 많아지면 물체의 강도가 약해져 작은 하중에도 쉽게 파괴되는 것이다.

왜, 술자리에서 종종 하는 병뚜껑 날리기 게임이 있지 않나. 병뚜껑 끝을 꼬리처럼 돌돌 말아서 서로 돌아가며 그 끝을 딱밤으로 계속 때려서 날리는 그 유서 깊은 게임. 아무리 얇게 돌돌 말았다지만 쇠로 만든 병뚜껑이라 쉽사리 떨어지지 않는다. 하지만 여러 사람이 반복해서 때리다 보면, 어느 순간 예고도 없이 꼬리가 툭 하고 날아가 버린다. 병뚜껑 꼬리를 떨어뜨린 자의 양옆 두 사람은 억울한 표정으로 술 한 잔을 원샷해야 하고.

사람의 마음도 마찬가지다. 피로 파괴 현상처럼 작은 강도의 고통이나 상처일지라도 그것이 쌓이고 쌓이면, 스치듯 약한 충격에도 무너질수 있다. 다들 한 번쯤은 경험해 봤을 거다. 아침부터 일이 잘 풀리지 않는 데다 하는 일마다 잔뜩 꼬이고 스트레스와 짜증이 목까지 차올라 입 밖으로 터져 나올 거 같지만 잘 참고 있었는데, 바쁘게 돌아다니다 의자에 정강이라도 박으면 갑자기 눈물이 터져 나오는 날.

그날은 계나에게 진짜 그런 날이었다. 하필 얇은 옷을 입고 출근했고, 감기에 걸렸고, 사무실은 너무 건조하고, 새벽에는 열과 두통이 있었고, 야간 근무조가 한 시간 늦게 퇴근하는 바람에 러시아워도 못 피한 채 오전 8시 정각에 역삼역에 섰다. 어마어마하게 많은 사람과 지하철에 끼어 있는데, 택시 탈 엄두는 안 나고, 그래서 옆 아저씨의 숨도 들이마시고 서로 몸도 비비게 되는 상황에서, 지하철 벽 광고를 보며 정신을 잃지 않기 위해 턱이 아플 정도로 이를 악물며 참았다. 가까스로 참아내고, 아현역에 내리니 눈도 오고, 찬 바람이 숭숭 들어오고 발바닥은 시리고 시려 무감각의 고통 수준에 이르게 되고, 아현시장 골목에 들어섰을 때는 몸이 덜덜 떨리기 시작하고, 너무 추워서 눈물이 줄줄 흐르더니, 쓰러지기 직전에야 겨우 집에 도착했다. 거기서 끝이 아니었다. 보일러 온도를 최고로 높이고 이불 속에 누워도 바닥만 따뜻하지 공기는 여전히 썰렁하고, 그 와중에 동생 예나는 헤드폰을 끼고 게임을 하는데도 그 소리가 다 들린다. 짜증이 너무 나서 울며 바라봤는데, 추위도 안 타는 동생이 장갑을 끼고 게임을 하고 있다.

여기서 계나가 무너진다. 이 일을 계속 겪어야 한다면 죽는 게 낫겠다고 생각하면서, 울음 섞인 소리로 중얼거렸다.

"난 여기서 도저히 더는 못 살겠어요."

이쯤 되니 계나가 한국을 떠나는 게 조금은 이해가 된다. 큰 다툼이나 문제가 있는 것이 아니더라도, 연인에게 서운한 일들이 차곡차곡 쌓여서 폭발하는 바람에 헤어지는 경우도 있으니까. 심지어 내가 아무리 서운하더라도 상대방이 변하지 않을 것 같다면 백 퍼 헤어지는 거지 뭐.

그런데 왜 하필 호주였을까?

　한국과 헤어진 계나는 호주로 떠났다. "한국이랑 왜 헤어졌어?"라는 질문 이후로 자연스럽게 다음 궁금증이 올라온다. 새로 만나는 연인에 대한 호기심 비슷한 거랄까. 또다시 계나에게 질문을 던진다. "왜 호주를 선택했어? 호주가 왜 좋은데?"

　일단, 따뜻한 곳이다. 계나가 아주 좋아하는 책 중에 『추위를 싫어한 펭귄』이라는 책이 있다. 이 책의 주인공 파블로는 펭귄이지만 추위를 싫어한다. 그래서 따뜻한 열대 지방으로 떠나려는데 그 과정이 쉽지 않다. 수많은 실패를 거쳐 결국 하와이처럼 생긴 섬에 도착했더니, 햇살이 눈부시게 쏟아지고 파란 바다 앞에 모래사장이 펼쳐진다. 야자수 사이에 해먹을 쳐서 그 위에 누워 있고 음료수를 마시며 부채를 부치고 있다. 그 아래 "다시는 춥지 않을 거예요."라는 멋진 글귀가 있다.

　계나는 한국의 추위를 너무 싫어했으니, 다시는 추위를 겪고 싶지 않았을 것이다. 온돌방에 누워서도 슬그머니 좀 더 뜨끈한 아랫목을 찾는 것이 사람의 본능이니, 몸과 마음이 꽁꽁 얼어붙은 계나가 더운 남쪽 나라를 선택한 건 어쩌면 당연한 일이었을지도 모르겠다.

　남반구에 있어 10시간도 훌쩍 넘는 시간을 비행해야 도착할 수 있는 호주는 우리나라와 정반대의 계절을 가진 나라이다. 물론 한국이 여름일 때 호주는 겨울이니까 겨울이 전혀 없는 것은 아니지만, 호주 도시대부분은 한겨울에도 영상의 기온을 누릴 수 있는 온화한 기후를 자랑한다. 특히 계나가 선택한 도시인 시드니는 가장 추운 7~8월이라도 평균 영상 17도 정도라니. 한국에 비할 수 없이 따뜻하다.

자칭 연애 박사인 친구가 자고로 연애는 따뜻한 사람이랑 해야 한다고 했다. 그 조언에 따르면 계나가 한국을 떠나 따뜻한 호주로 간 것은 딱 맞는 선택이었다. 그래, 호주는 따뜻하고 매력적이다. 호주의 지역 이름 중에 골드 코스트, 선샤인 코스트가 있다. 이름만 들어도 얼마나 따뜻한지.

이 따뜻한 섬나라라는 땅도 무지하게 넓고 넓고 또 넓다. 광활한 토지는 비옥하고 자원도 풍부하다. 인류 역사상 가장 늦게 개발된 이 신대륙은 심지어 큼직한 땅에 비해 사람이 적게 살아서 인구밀도마저 낮다. 호주의 전체 면적은 7억 7,412만 헥타르에 약 2,550만 명의 사람들이 살고 있다. 한국은 남한 기준으로 1,003만 헥타르의 면적에 인구는 약 5,178만 명이다. 고로, 호주는 한국보다 대략 77배가 더 큰 땅에 절반의 인구가 살고 있다는 뜻이다. 백번 양보해서 사람이 거주하기 힘든 대자연의 면적이 크다고 해도, 넓은 땅에 적은 인구가 산다는 사실만큼은 부정할 수 없다. 여기다! 여기서라면 아침이든 저녁이든 몇 시에 나오더라도 지옥철을 타지 않아도 된다.

이러한 조건들은 호주를 워킹홀리데이에 관대하고 적극적인 나라로 만들어주었다. 워킹홀리데이를 신청할 수 있는 나이가 만 35세까지로 꽤 넉넉한 편이고, 대부분 국가가 신청기한과 선발인원을 제한하는 것에 비해 장벽이 낮은 편이다. 그래서 워홀러(워킹홀리데이 비자 소지자) 수가 급격히 증가했고, 최근 몇 년 사이에는 기준과 진입 장벽이 점점 높아졌다고는 하더라. 그래도 계나는 한국에서 온갖 기준과 문턱을 넘어오느라 지쳐 있었을 테니, 호주에서 까다로운 비자발급을 요구하지 않는 것만으로도 충분히 환영받는다는 느낌이었을 거다.

호주도 원주민이 있긴 하지만, 도시와 국가를 이루는 주축은 세계 곳곳에서 모인 이민자들이다. 실제로 호주 인구의 약 4분의 1이 이민자로 이루어진 다민족 국가이다. 여러 민족과 문화가 뒤섞인 만큼, 다양성을 존중하고 존재의 평등함을 지향하는 문화가 자연스럽게 중요해졌다. 이런 문화가 법에도 반영되어서 인종차별금지법이 있다.

더불어 개개인의 개성을 존중하고 노동의 가치를 정직하게 인정하려는 문화이기도 하다. 한국에서는 직업은 물론이고 대학교, 학과, 고등학교, 중학교, 초등학교, 유치원, 심지어 산후조리원까지 아주 세밀하게 서열화된다. 이에 비해서 호주는 직업의 귀천이 크게 없는 편이다. 의사나 변호사든, 바리스타나 청소부든 자기 일에 전문성을 가지고 열심히 일하면 그만이라는 인식이 기본적으로 깔려 있고, 일은 달라도 임금 격차는 작다. 농장에서 빡세게 딸기 따고 양파 캐서 몇 달 만에 수천만 원을 모았다는 워홀러들의 증언이 아주 허풍은 아니다.

호주 국가의 가사처럼 "우리는 바다를 건너온 사람들과 함께 무한한 토지를 나눠 갖는(For those who've come across the seas. We've boundless plains to share)" 정신이 있는 곳이라 믿었기에, 계나는 희망을 품고 호주행 비행기에 올랐다. 그 시점에 계나는 가진 것이 거의 없었다. 몇 년간 직장생활을 하며 모은 2천만 원이 전 재산이었다. 그러나 거듭 말하지만 중요한 건 '더 나아질 거라는 희망'이다. 그 가능성만을 보고 계나는 칼바람이 부는 서울을 떠나 따뜻한 도시, 시드니로 온 것이다.

알고 보니 새로운, 호주 너란 녀석

연애를 시작하기 전에는 상대를 잘 알지 못한다. 콩깍지가 씌었으니 일단 다 좋아 보이기 마련이다. 어차피 누군가를 완벽히 안다는 건 불가능하다지만, 처음에는 상대에 대해 거의 모르고 있다가 사귀면서 조금씩 알아가는 경우가 많다.

당장 계나만 해도 큰 결심을 하고 호주로 떠난 것이지만, 정작 호주가 어디에 있는지 주변에는 어떤 나라들이 있는지는 찾아보지 않았던 듯하다. 인도네시아인 남자친구 리키를 만나기 전까지는 호주가 인도네시아랑 가까이 있다는 것을 몰랐기 때문이다. 리키는 자카르타에서 온 부잣집 넷째 아들인데, 호주가 영어를 배울 수 있는 나라 중 가장 가까운 나라라서 왔다고 했다.

> "인도네시아가 호주랑 가까워?"
> 내 질문에 그는 아무 대답도 하지 않고 입을 떡 벌리는 시늉만 하더군. 나중에 지도를 봤더니 호주와 인도네시아는 한국과 일본만큼이나 가깝더라고. (p.86-87)

호주랑 인도네시아는 우리가 생각하는 것보다 훨씬 더 가까운 거리에 있다. 물론 인도네시아랑 호주 둘 다 꽤 큰 나라니까, 어느 도시에서 어느 도시로 가느냐에 따라 차이가 크다. 하지만 책에서 지명이와 함께 여행을 갔던 발리부터 호주 북부의 다윈이라는 도시까지는 비행기로 2시간 30분밖에 걸리지 않는다.

어찌 보면 우리는 호주를 잘 알거나 호주 사람들의 시각을 가질 수 없는 게 당연하지 않을까. 당장 지도만 해도 그렇다. 우리가 지도를 떠올리면 북쪽이 위에 있는 지도를 주로 상상하지만, 호주나 뉴질랜드에서는 남극이 위쪽에 있는 지도도 많이 쓰인다고 한다. 세계를 보는 방식부터 완전히 뒤집혀 있는 거다.

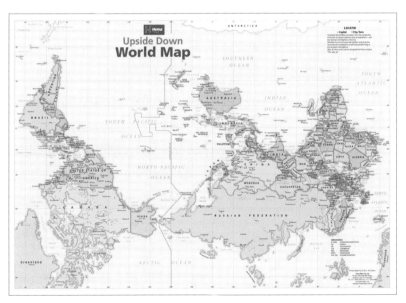

남반구에서는 똑같이 메르카토르 도법을 쓰더라도 뒤집어진 지도를 본다.

'지도'라고 했을 때 제일 먼저 떠올리는 이미지는 메르카토르 도법이라는 방식으로 그려진 지도다. 이 방법은 네덜란드의 지도학자 메르카토르가 1569년에 고안했다고 한다. 위도와 경도를 안다면 그 위치를 지도에서 좌표로 찍을 수 있기 때문에 지도 위에서 자신이 나아갈 방향을 정확히 그릴 수 있어서, 당시 정확한 지도가 절실했던 항해사들에게 큰 사랑을 받았다. 그때부터 지금까지 인기 있는 지도지만, 이 지도에는 문제가 있다. 동그란 지구를 적도를 중심으로 평면으로 펼쳐내다 보니 면적의 왜곡이 상당하다는 점이다. 극지방으로 갈수록 면적이 심하게 확대되기 때문에, 적도에서 멀면 멀수록 더 크게 그려졌다.

당장 우리나라만 해도 지도 왜곡의 피해자라면 피해자라고 말할 수 있다. 흔히 우리나라를 '동방의 작은 나라'라고 말하지만, 사실 우리나라가 그렇게 작지만은 않다. 정확한 크기를 재보면, 한반도 전체가 220,877㎢로 242,900㎢인 영국과 크게 차이가 나지 않는다. 다만 영국이 더 북쪽에 있기 때문에 우리나라보다 훨씬 커 보이는 것뿐이다. 그래도 그동안 속아왔다고 억울해지지는 않았으면 한다. 진짜 억울한 나라나 대륙은 따로 있으니까. 당장 아프리카 대륙은 대서양 북쪽에 있는 그린란드랑 크기가 비슷해 보이는데, 실제로는 아프리카가 그린란드보다 14배 정도 더 크다. 멕시코도 알래스카 지역보다 더 작아 보이지만, 크기를 계산해보면 알래스카의 3배에 달한다. 남미 지역 전체도 유럽보다 작아 보이지만, 사실 남미가 유럽 전체보다 2배나 더 크다.

이런 문제점을 비판하며 페터스라는 사람이 등장하여 자신만의 방법으로 지도를 만들었다. '우리나라 엄청나게 큰데 왜 맨날 작게 그리냐!'라는 억울한 마음에 새로운 도법을 제안한 줄 알았는데, 뜻밖에도 독일 사람이라고 한다. 페터스의 지도 역시 둥근 지구를 평면에 그리다 보니 어쩔 수 없는 왜곡은 있지만, 각 대륙의 면적은 더 정확하게 반영되었다. 이 지도를 처음 보면 아프리카 대륙이 이렇게 크냐고 놀라게 된다. 브라질도 거의 미국만큼 크다. 유럽 대부분 나라는 쥐똥만 하고, 흔히 크다고 생각하는 러시아는 생각보다 작다. 우리가 주로 쓰던 지도가 그만큼 북반구, 서구, 유럽 중심이었던 거다.

계나가 한 번이라도 제대로 된 지도에서 호주를 찾아봤다면 지금과는 또 다른 생각을 했을지도 모르겠다. 어쨌든 그녀는 한국과는 다른 방향의 하늘을 보며 사는, 지구 반대편의 거대한 섬나라로 떠났다. 그 뒤집힌 세상에서는 계나의 삶이 달달했으면 좋겠다.

오페라하우스 앞에서 와인 한잔해

잠깐 퀴즈! 시드니에 온 계나가 가장 먼저 한 일은? 1. 오페라 하우스 앞에서 사진찍기 2. 호주 와인 마셔보기 3. 외국에서 우연히 남자 만나기 4. 유학원 방문하기 중 무엇일까? 정답은 바로 유학원 방문이다. 하지만 나머지 세 가지 보기도 하루 만에 다 해치운다. 일단 계나는 유학원에서 우연히 재인이라는 남자를 만난다. 썩 내키지는 않았지만, 가지고 있는 지도는 한 장뿐이었기에 계나는 재인과 함께 하루 종일 시드니를 돌아다니며 버스와 트레인 타는 법도 익히고, 어학원까지 가는 길도 알아보고, 휴대폰도 개통한다. 그리고 얼떨결에 오페라 하우스까지 동행하게 된다. 우리 계나, 첫날부터 참 넓은 곳을 돌아다녔구나 싶지만 지도를 보면 계나는 자그마한 시드니시에서만 온종일을 보냈다.

아니, 시드니가 얼마나 큰데 자그마하다고? 우리가 '시드니'라고 부르는 곳은 사실상 시드니 대도시권(Sydney metropolitan area)을 의미한다. 시드니 대도시권은 행정구역 단위는 아니고 편의상 시드니시와 그 영향 지역을 묶어 부르는 표현이다. 시드니 대도시권은 호주 인구의 4분의 1이 사는 호주의 중심 지역이다. 그리고 시드니시(city of Sydney)는 시드니 대도시권 중에서도 아주 작은 지역에 불과하다. 시드니 대도시권이 서울, 인천, 경기도를 합한 지역보다 조금 더 크고, 시드니시는 서울 종로구만 하니 아주 작은 지역이란 말이 틀린 말은 아니다. 시드니의 주요 관광지 중 하나인 타롱가 동물원은 모스만 지역이고, 2000년 올림픽이 열렸던 시드니 올림픽 주경기장은 오번 지역에 있으며, 시드니를 드나드는 출입문인 시드니 국제공항 터미널은 보타니 베이시에 있다. 이렇게 시드니에 가면 우리도 모르는 사이에 시드니 대도시권의 여러 지역을 넘나들고 있다.

많은 예능 프로그램에서 접했듯 호주의 수도는 시드니가 아니라 캔버라다. 하지만 면적도 비슷하고 많은 인구가 밀집해서 산다는 점에서 시드니 대도시권은 호주의 수도권이라고 볼 수도 있겠다. 시드니도 최근 인구가 급증하여 주거 문제, 환경문제가 불거지고 있다고 하는데…. 계나야, 너 좋은 선택한 거 맞니? 흠, 근데 2018년 기준으로 시드니 대도시권의 인구가 약 523만 명이라고 하니, 2,600만 명이 넘는 인구가 모여 사는 대한민국 수도권에서 온 계나는 아마 숨통이 탁! 트였을 테다.

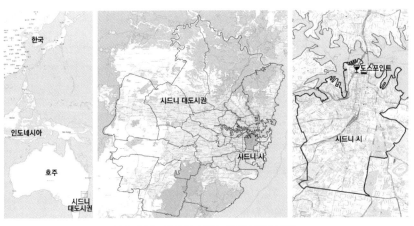

인구 4분의 1이 몰려 산다는 시드니 대도시권도
호주 전체 면적으로 보면 얼마나 작은 지역일 뿐인지….

드넓은 남태평양을 배경으로 20세기 최고의 건축물이라 칭하는 오페라 하우스 앞에서 사진도 찍고, 진짜 호주에 왔다는 감상에 젖어있을 때쯤 재인이가 술을 권한다.

이 느낌 그대로 호주 와인을 호로록 마시면 눈물이 또르르 날 것만 같은 벅찬 마음이건만, 그가 권한 건 노천카페의 폼나는 와인 한 잔이 아니었다. 그에게는 아직 한국 감성이 남아있었나 보다. 한국에서 소주랑 주전부리를 사 들고 해수욕장에 앉아 밤바다를 보는 맛을 못 잊었던 건지, 계나에게 마트에서 술과 안주를 사와 바닷가에 앉아서 먹자고 권했다. 그들은 그렇게 마트에서 3,000원도 안 하는 2리터짜리 종이 팩에 담긴 와인과 나초칩을 사서, 도스 포인트 공원이라는 곳에 자리를 잡고 오페라 하우스를 바라보며 술을 마셨다. 지도만 봐도 하버 브리지부터 오페라 하우스까지 한눈에 들어오는 위치라는 걸 알 수 있다. 거기에 와인까지 홀짝거리니 그 풍경이 오죽 아름다웠을까.

> 오페라 하우스는 하얗고, 그 앞에 하버 브리지라고 검은색 다리가 있고, 하늘은 물감 풀어놓은 것처럼 파란데, 그보다 더 진파랑인 바다에는 햇빛이 반짝반짝 부서지고, 거기에 또 흰 요트가 있고, 흰 갈매기가 날아다니고 (중략) (p.43)

이런 좋은 분위기에서 계나와 재인이가 간과한 사실이 있다. 호주는 야외에서 그렇게 술병이 보이게 들고 마시면 위법이다. 두 사람은 그 사실을 전혀 몰랐다가 나중에서야 알고 깜짝 놀랄 만큼 어리바리한 호주 초심자였다. 심지어 시드니는 길거리 음주에 대해 특별히 더 엄격한 편이다. 한국이야 편의점이나 마트에서 거의 모든 종류의 술을 손쉽게 구

도스포인트에서 바라보는 하버브리지와 오페라 하우스.
이런 풍경을 안주 삼으면 싸구려 와인도 고급 와인처럼 느껴지겠다.

할 수 있지만, 호주에서 바틀샵이나 바처럼 지정된 업장에서만 알코올 판매와 구매가 가능하다.

술꾼님들, 그렇다고 호주 여행을 포기하진 마세요. 술병이 술병이라는 걸 보이면 안 될 뿐, 종이 가방 같은 거로 감싸서 숨겨주기만 하면 길에서 술을 마셔도 되니까요. 뭐지, 이 눈 가리고 아웅은? 알코올 섭취를 제한하는 것이 목적인지, 이 아름다운 도시의 풍경에 술병이 보인다는 게 미적으로 거슬려서인지는 잘 모르겠다. 생각할수록 의구심이 들지만 계나는 호주에 왔고, 호주의 법이 그렇다니 따라야지 뭐.

계나와 재인이는 술잔도 없으니 종이 팩 양쪽에 구멍을 내어 번갈아 홀짝였다. 세상에 고급지고 좋은 와인이 많고 많은데 싸구려 와인이 맛있으면 얼마나 맛있겠느냐만, 계나는 이 소박한 새로움 앞에서 알 수 없는 편안함을 느낀다. 특유의 느긋한 분위기 때문일까. 어떻게 보면 별 거 아닐 수도 있는 호주에서의 일상에 하나씩 마음을 주게 된다. 계나가 호주의 첫인상을 꽤 괜찮게 생각하는 것 같아서, 이때의 나른하고도 풋풋한 마음이라면 앞으로의 호주 생활도 긍정적이고 씩씩하게 해나갈 거라 그려진다. 반대로 한국에서의 생활이 더 힘들었던 이유는 현재의 어려움을 버티며 떠올릴만한 과거의 설렘과 즐거운 기억들이 부족했기 때문은 아니었을까. 오래전부터 계나를 지배하던 주된 감정은 불안함이었고, 늘 참고 버티기에 항상 날이 서 있었기 때문이다.

같은 술도 누구와 어디서 어떤 마음으로 마시느냐에 따라 그 맛이 천차만별이다. 친구끼리 모여 즐거운 자리에서 함께 마시는 술은 어디로 들어가는지도 모르게 술술 들어가지만, 불편한 상사나 싫어하는 사람과 억지로 마시는 술은 아무리 비싼 술이라도 쓰기만 하다. 만약 내가 이 사람이 좋은지 싫은지 헷갈리면 같이 술을 마셔보는 걸 추천한다. 몸이 알아서 답을 정해줄 테니.

계나는 호주에서 매일 몸을 움직여 일해서 정당한 보수를 받고, 그 돈으로 공부도 하고, 집세도 내고, 와인 한 잔을 사 마실 수 있는 삶이 마음에 들었다. 거기에 오페라하우스와 하버 브리지가 더해진 예쁜 풍경까지 있으니 더 좋았고. 무엇보다 하나씩 차근차근히 해나가면 영주권도, 시민권도 딸 수 있을 것이라는 희망이 가장 마음에 들었을 것이다.

편견과 차별은 도처에 널려있지

책 『선량한 차별주의자』를 읽다가 발견한 호모 카테고리쿠스라는 용어가 있다. 인간은 사람이든 동물이든 사물이든 범주로 구분하려는 경향이 있다고 한다. 사람들은 성별, 나이, 직업, 종교, 출신 국가 등 많은 범주를 만들고, 세상을 여기에 맞춰 분류한다. 또 범주를 구분 짓는 독특한 특징을 찾아내기도 한다. 예를 들어 "한국 사람들은 외모에 집착해. 돈만 밝히는 사람들이야." 또는 "이탈리아 사람들은 다혈질이야.", "일본 사람들은 속을 알 수가 없어." 등의 국민성을 판단하는 특징을 찾아내 하나의 범주로 단순화시킨다. 여자는 수학을 잘하지 못한다거나 운전을 잘 못 한다는 말, 요즘 젊은 세대는 나약하고 노력하지 않는다는 말도 마찬가지다. 이에 얼마나 동의하는가. 단순히 그 집단의 특징을 말한 것인가, 아니면 그 속에 차별이 숨겨져 있는 것인가.

이런 인간의 특성은 대상을 쉽고 빠르게 이해한다는 장점은 있지만, 구분 짓는 과정에서 정보를 단순화하고 고정관념을 가지게 되며 심지어 오류까지 생긴다는 문제가 있다. 자신이 속하지 않은 다른 집단을 쉽게 단순화시키고, 일부 특징을 과하게 일반화시키면 그것이 곧 편견이 된다. 이 편견은 그 집단에 속한 사람 개개인을 하나의 인격체로 존중하기보다 하나의 범주로 묶어 사고하기 때문에 자칫 차별과 혐오로 이어지기도 한다. 예를 들어 "여자라서 못할 거야.", "흑인이니까 안

돼.", "동양인은 역시 그럴 줄 알았어."라는 편견이 그들이 가질 기회와 권리를 박탈한다.

중국에서 시작된 코로나바이러스로 모두가 민감하던 때, 친한 동생이 지하철에서 중국말을 하는 사람 옆에 앉아 있다가 슬며시 일어나 자리를 피했다고 한다. 그래놓고는 "내가 한 것도 혐오 아닐까?"라고 물어오길래, "글쎄, 네가 그 중국인에게 대놓고 뭐라 한 것도 아니고, 그냥 조심해서 나쁠 건 없잖아?"라고 답했다. 그런데 그 동생은 그 사람들을 개개인이 아니라 중국인이라는 하나의 카테고리로 묶어서 부정적으로 봤기 때문에 혐오였다고 셀프 답변을 내놓더라. 조금 답정너이긴 하지만, 자기반성을 잘하는 동생 덕분에 혐오와 차별에 대해 좀 더 넓게 생각하게 되었다.

그동안 드러내놓고 적극적으로 표현하는 것만 차별과 혐오라고 생각했었다. 모두들 노골적인 차별은 나쁜 것이라 말하지만, 자신도 알지 못하게 차별과 혐오를 행하고 있다. '나는 차별하지 않는 사람이며, 이건 차별은 아니지'라는 생각으로 자신이 행한 차별을 합리화하기도 한다. 아예 차별하고 있다는 의식조차 못 할 수도 있다.

만약 자신이 한 것이 차별인지 확인하고 싶다면, 그 행동의 대상을 자신에게 투영해보면 된다. 자신이 차별을 당할 때는 금방 알아차리게 되니까. 내로남불(내가 하면 로맨스, 남이 하면 불륜.)이라고, 내가 할 때는 별생각 없다가 당하면 기분이 나쁘다. 다시 코로나바이러스와 중국인에 대한 편견의 예시로 돌아가면 더 쉽게 설명할 수 있다. 코로나바이러스가 전파되는 것을 막기 위해 중국인의 입국을 금지하자는 청원이 올라갔고, 중국인이라면 무조건 그들을 피하곤 했다. 하지만 반대로 한국 내 코로나바이러스 확진자가 급격히 늘어나서 다른 나라에서 입국

금지를 당하고 코리언=코로나라며 차별하는 사람을 만날 때 우리의 기분은 썩 좋지 않았다. 차별이 아니라고 우기며 차별을 행했지만, 역으로 차별을 당하자 그제야 발끈하는 거다.

　계나 또한 마찬가지다. 지긋지긋한 차별과 줄 세우기 논리에 지쳐서 한국을 떠나왔지만, 호주에서 만나는 한국인을 배움의 정도로 은근히 나누는 모습을 보인다.

> 　재인이 "넌 왜 이민 오려는 건데?"하고 묻더라.
>
> 　"한국에서는 딱히 비전이 없으니까. 명문대를 나온 것도 아니고, 집도 지지리 가난하고, 그렇다고 내가 김태희처럼 생긴 것도 아니고. 나 이대로 한국에서 계속 살면 나중엔 지하철 돌아다니면서 폐지 주워야 돼."
>
> 　"그렇군. 나도 지잡대 나왔어. 같은 처지야."
>
> 　재인이 웃으며 말했어.
>
> 　"난 홍대 나왔는데?"
>
> 　그 순간 재인의 표정이란! 좀 미안하기도 했지만, 솔직히 통쾌하기도 하더라. (p.44)

　미안하면 미안하지 왜 통쾌함이 덧붙여지는 걸까. 차별은 돈이든 권력이든 무언가 가진 자가 하는 것인데, 차별함으로써 얻을 수 있는 감정은 우월감이다. 그러므로 계나는 재인이와 같은 유학생 신분임에도 그 안에서 구분 짓기를 한 것이고, 자신이 기득권에 편승하는 것 같은 통쾌함을 느낀 것이다. 자신은 동양인이나 유학생 신분으로 차별당할 수 있는 입장이지만, 한국 대학 서열이라는 축을 가져와서 차별하고 있는 계나.

비단 계나 뿐 아니라 많은 사람이 차별을 당하면서도 또 차별을 한다. 계나가 만났던 인도네시아인 남자친구 리키는 이런 이야기를 한다.

"한국 애들은 제일 위에 호주인과 서양인이 있고, 그다음에 일본인과 자신들이 있다고 여기지. 그 아래는 중국인, 그리고 더 아래 남아시아 사람들이 있다고. 그런데 사실 호주인과 서양인 아래 계급은 그냥 동양인이야. 여기 사람들은 구별도 못 해. (중략) 사실 남아시아에서 온 애들이 더 잘 살아. 태국이나 베트남에서 온 애들은 그 나라에서는 잘사는 애들이거든. 반면에 일본에서 온 애들, 한국에서 온 애들은 다 가난한 집 출신이잖아. 너희 나라에서 좀 사는 집 애들은 미국이나 캐나다에 가지." (p.85)

리키의 뼈 때리는 말처럼 많은 한국인이 호주까지 가서도 스스로 인종차별을 하는 동시에 당하기도 하는 모순을 겪는다. 구분 짓기를 통해 차별을 받는 집단에 속해 있기도 하지만, 동시에 특권을 누리는 집단에도 속해 있기 때문이다. 인종이라는 한 가지 잣대로만 차별이 이루어지는 것뿐 아니라, 집안의 재산이라는 부의 척도로도 차별할 수 있다. 즉, 차별은 한 가지 잣대로만 설명할 수 없을 만큼 복잡하다. 예를 들어 여성이 남성 보다 차별받는다고 해도, 외국인 남성과 비교하면 한국인 여성이 더 차별받는다고 말하기는 어렵다. 이 한국인 여성이 장애인이거나 외국인 남성이 경제적으로 부유하다거나 하는 다른 요인이 더해지면 차별의 정도는 더 가려내기 어려워진다. 그래서 차별은 너무 흔하고 일상적이다.

계나가 다시 한번 자신의 태도를 돌아봐야 할 이유는 그뿐만이 아니다. 자신은 차별이 없는 100% 완벽한 천국을 바라고 있지만, 자신의 태도에는 편견이 가득하다. 자신과 다른 선택을 했을 뿐인데, 계나는 혜나 언니와 동생 예나의 삶을 답이 없고 답답하다는 시선으로 바라본다. 한국에서 결혼한 친구들의 삶도 속물적이고 발전이 없는 삶이라 생각하며 은근히 무시한다. 계나가 어디에서든 진짜 행복을 누리기 위해, 어떤 형태로든 무언가에 편견을 담아 구분 짓는 일은 가능한 멀리했으면 좋겠다. 비뚤어진 마음으로 쏜 화살은 언젠가 부메랑처럼 나에게 다시 돌아오기 마련이니까.

난 뒤를 보지 않아. 그래서 베이스 점프!

> 내가 호주에 간 것은 내 신분이 오를 가능성이 있는 방향으로 한
> 일이야. (p.123)

'더 나아질 거란 희망'으로 호주행을 택한 계나는 동생 예나가 장래
가 불투명한 베이시스트와 사귀는 것을 지켜보면서 신분 상승 가능성
을 가늠해본다. 그리고 예나의 선택을 베이스캠프에 비유한다. 베이스
점프는 지상에 있는 건물이나 안테나, 교각 절벽 등에서 낙하산을 메고
뛰어내리는 익스트림 스포츠다. 물론 굉장히 위험하기 때문에 허용되
는 곳이 극히 드물다.

> 빌딩 꼭대기에서 떨어지는 게 훨씬 더 위험해. 높은 데서 떨어지는
> 사람은 바닥에 닿기 전에 몸을 추스르고 자세를 잡을 시간이 있거
> 든. 그런데 낮은 데서 떨어지는 사람은 그럴 여유가 없어. 아차 하는
> 사이에 이미 몸이 땅에 부딪쳐 박살나 있는 거야. 높은데서 떨어지
> 는 사람은 낙하산 하나가 안펴지면 예비 낙하산을 펴면 되지만 낮은
> 데서 떨어지는 사람한테는 그럴 시간도 없어. 낙하산 하나가 안 펴
> 지면 그걸로 끝이야. 그러니까 낮은 데서 사는 사람은 더 바닥으로
> 떨어지는 걸 조심해야 해. 낮은 데서 추락하는 게 더 위험해. (p.124)

계나는 스스로 한국 사회에서 낮은 위치에 있다고 생각했기 때문에, 한국에 있어봤자 높은 곳으로 올라가기는 힘들뿐더러 지금도 안 좋은 이 상황에서 바닥으로 떨어지는 선택을 하고 싶지 않았던 것이다. 동생 예나가 비전이 없는 남자친구와 사귀는 것을 보면서 그것은 낮은 곳에서 더 바닥으로 떨어지는 일이며 그렇게 되면 다시는 올라갈 길이 없다고, 그걸로 끝이라고 생각했다.

현재 우리 사회는 고성장 시대에서 저성장 시대에 들어서면서 젊은이들에게 희망보다는 노오력해도 어차피 안된다는 좌절감을 심어주고 있다. 예전에 비하면 굶어 죽을 일도 거의 없고 생존의 문제에서는 멀어졌지만, 다른 욕구들은 채워지지 않는다. 취업, 결혼, 내 집 마련 등의 기준은 점점 높아져만 간다. 기성세대는 요즘 젊은이가 노력하지 않는다고 말한다. 하지만 대학 졸업장만 있으면 대기업에서 너도나도 데려가던 시대의 젊은이들과는 상황이 달라졌다. 어느 나이 지긋하신 분이 젊은이들에게 "스티브 잡스는 자기 집 차고에서 회사도 설립하고 노력해서 다 일궈냈어. 요즘 젊은이들은 노력도 안 하고 눈만 높아서 큰일이야."라고 했다. 그러자, 듣고 있던 한 젊은이가 "저희는 집이랑 차고가 없는데요."라고 했다고 한다.

어느 순간부터 금수저, 흙수저라는 말이 유행하고 취업, 결혼, 출산 등을 포기하는 N포 세대라는 말이 자주 쓰이기 시작했다. N은 여러 숫자를 지칭하는데, 3포 세대는 연애, 결혼, 출산을 포기한 세대, 5포 세대는 3포에 취업과 내 집 마련까지 포기한 세대, 7포 세대는 5포에 인간관계와 희망까지 포기한 세대를 뜻한다. 현재 젊은이들은 자발적 포기를 할 수밖에 없는 사회적 구조에서 살고 있다. 더 높은 목표와 꿈을 설정하기보다는 위험한 베이스 점프를 뛸 수 밖에 없게 하는 구조 말이다. 낙하산 하나가 안 펴지면 그걸로 끝이다. 경쟁에서 도태되면 구제할 수 있는 다른 방법이나 길이 없는 사회인 것이다.

그럼에도 불구하고, 계나는 한 번쯤 베이스 점프보다 더 높은 곳에서의 점프를 꿈꾸며 신분 상승의 가능성을 높여보려 했지만, 엄청난 사건이 벌어진다. 계나는 열심히 모은 돈으로 메리톤 서비스 아파트의 58층 집 한 채를 빌려, 각 방을 여러 사람에게 다시 빌려주는 소규모 임대업을 하고 있었다. 그러면서 엘리라는 자유분방한 친구를 알게 되는데, 얼마나 자유로운 영혼인지 취미가 무려 베이스 점프다. 엘리는 자신의 YOLO 정신을 뽐내며 계나네 집 베란다에서 이 베이스 점프를 실행한다. 그리고 계나는 곤경에 빠진다. 호주에서도 베이스 점프가 불법이었기 때문이다. 이 때문에 계나는 아파트에서 쫓겨나고 극심한 경제적 손해까지 입는다. 계나의 마음은 58층에서 뛰어내리는 것보다 더 빠르게 무너져내렸다.

국제 전화는 사랑을 싣고

생각보다 인연은 쉽게 끊기 어려운 법인가 보다. 지명이는 아직도 계나를 잊지 못했던건지, 자신의 서른 번째 생일날 호주에 있는 계나에게 대뜸 연락해 다시 만나자고 자기는 계속 기다리겠다고 선언한다. "평생을 기다려도 괜찮아. 사랑해, 계나야."라는 깜짝 놀랄 만큼 로맨틱한 국제전화에 계나는 자신도 모르게 일단 오케이를 외치고 만다. '지명이=나쁜 놈'이라고만 생각했는데, 좋은 사람인 것인지 헷갈리기 시작한다. 아무리 이성적이고 시크한 계나라고 해도 지구 반대편에서 날아온 심쿵 메시지를 쉽게 거절하기는 어려웠으리라. 마침 호주에서의 생활에 여러 잡음이 생기면서 마냥 즐거운 상황만은 아니기도 했으니.

지명이와 계나는 그렇게 다시 만나기로 하고, 한국으로 입국하기 전에 일단 인도네시아 발리에서 먼저 만나 여행을 즐긴다. 앞에서 언급했듯이 인도네시아는 호주와 생각보다 가깝고, 한국으로 가기 위해 북반구로 올라가는 길목에 있으니 여행지로 꽤 괜찮은 선택이었다. 두 사람은 조금 찌질했던 지난 시간을 보상받기라도 하듯이, 좋은 숙소에 묵고 여행비용도 아끼지 않으며 마치 신혼여행 같은 시간을 보낸다.

나름 럭셔리한 여행을 마치고 서울로 돌아온 계나는 자연스럽게 지명이의 아파트에서 함께 지내게 된다. 계나가 호주로 떠나기 전 가족과 함께 살던 곳이 아현동의 낡은 주택이었고, 시드니에서는 셰어하우스나

서비스 아파트를 임대해서 살았으니, 지명이네 집은 그녀가 살았던 곳 중 가장 자산가치가 높고 안정적인 주거지였을 것이다. 그러나 계나는 그곳에서 온전한 평온을 찾지 못한다.

분명 동거이긴 한데 정작 지명이와 같이 있는 시간은 많지 않았기 때문일까. 계나는 남편을 출근시키는 가정주부처럼 지명이가 새벽같이 일터인 방송국으로 떠나면 집에서 혼자 시간을 보낸다. 물론 이런저런 이력서를 쓰기도 하고, 대학교 동창들을 불러 홈파티를 하기도 하지만 그 반가움도 잠시일 뿐이다. 오히려 오랜만에 만난 친구들과의 대화에서는 한국살이의 고단함과 변하지 않는 친구들의 답답함만을 재확인할 뿐이었다.

처음에는 불편한 마음이 드는 이유가 지명이가 매일같이 야근에 시달리며 녹초가 되어 들어오는 것이 안쓰러워서라고 생각했다. 당연히 지명이는 계나에게 얼마든지 편안하게 지내라고 말했다. 하지만 그 아파트라는 자산과 기자라는 번듯한 직업을 위해, 지명이가 현재를 희생하며 힘겨운 회사형 인간으로 살아가는 것을 보며 계나는 행복하지 않았다.

개 얼굴이 과로와 수면 부족 탓에 검고 거칠거칠했어. 입 주변이랑 턱에 거뭇거뭇하게 수염이 올라와 있더라. 이불을 덮기 전에 본 배는 포동포동하게 살이 올라 있었어. 얘가 아저씨가 됐네, 하고 정이 떨어지는 게 아니라 오히려 마음이 더 짠하고 아프고 그렇더라고. 얘 이렇게 일하다 암 걸리는 거 아닌가 싶고, 내가 이 모습을 10년이고 20년이고 보다가, 그냥 얘는 매일 이렇게 열 몇 시간씩 일하는 애다, 그렇게 당연하게 여기게 되면 어떻게 하나 싶고… 막 눈물

이 날 것 같았어. (p.155-156)

  지명이의 아파트는 쾌적하고 안락하지만 계나가 스스로 노력해서 얻은 것이 아니었다. 자유와 자율성을 중요하게 생각하는 계나에게 어딘지 모를 불편함을 주었을 것이다. 지명이야 체제에 순응하는 삶의 방식을 스스로 선택했기에 만족을 넘어 자부심까지 가지고 있었지만, 그것은 계나의 가치관은 아니기 때문이다. 어떤 사람들에겐 중요한 것이 다른 이에겐 그다지 중요하지 않은 것이 되기도 한다. 무엇보다 한국에서는 계나가 하고 싶고, 할 수 있는 일이 마땅치 않았다. 사람이란 너무나 복잡한 존재여서 안정된 거주지와 배우자 이외에 또 다른 것들이 필요하기도 하다.

원래 헤어졌다 다시 만나면 또 헤어진대

호주로 워킹홀리데이를 가기로 마음먹기 전, 계나는 이른 은퇴 후 제주도로 내려가서 사는 것을 상상하곤 했었다. 직접 몸을 움직이며 여유롭고 소박하게 사는 삶이 계나의 꿈이었다. 물론 이제는 제주도도 땅값, 집값과 물가 모두 많이 올라서 나른하고 여유로운 노후를 보내는 일이 생각보다 빡빡하다는 점은 잠시 모른 척하도록 하자.

> "그때까지 모은 돈으로 제주도에 허름한 아파트를 사는 거야. 거기서 산다면 되게 규칙적으로 매일 일정한 시간에 일어나고 일정한 시간에 잘 거야. 그리고 집에서 요리를 할 거야. 반찬은 간소하게 두세 가지만 먹을 건데 내가 직접 만들 거야. (중략) 그리고 수영을 배워서 물속에서 막 자유롭게 슉슉 다니고 싶어. 수영장에서 턴 찍고 인어 공주처럼 잠수도 오래 하고." (p.14)

계나는 오래전부터 자신을 스스로 잘 알고 있었고, 성향과 가치관이 쉽사리 바뀌지 않는 단단한 사람으로 그려진다. 20대의 계나와 30대의 계나가 원하는 삶은 큰 맥락에서 비슷하다. 그리고 보면 사람의 성향이란 게 참, 잘 안 바뀌나 보다. 20대의 계나는 자신의 성향과 행복의 기준이 한국의 보편성과 맞지 않아서 힘들어하는 시간을 보냈다. 그리고 호주에서의 생활을 통해 점차 나라는 사람의 가치관을 꼼꼼하게 이해하고 받아들인다.

이야기의 후반부에서 계나는 재인에게 이런 이야기를 한다.

> 행복도 돈과 같은 게 아닐까 하는 생각을 했어. 행복에도 '자산성 행복'과 '현금흐름성 행복'이 있는거야. 어떤 행복은 뭔가를 성취하는 데서 오는 거야. 그러면 그걸 성취했다는 기억이 계속 남아서 사람을 오랫동안 조금 행복하게 만들어줘. 그게 자산성 행복이야. (중략) 어떤 사람은 정반대지. 이런 사람들은 행복의 금리가 낮아서, 행복 자산에서 이자가 거의 발생하지 않아. 이런 사람은 현금흐름성 행복을 많이 창출해야 돼. 그게 엘리야. 걔는 정말 순간순간을 살았지. (중략) 나한테는 자산성 행복도 중요하고, 현금흐름성 행복도 중요해. (p.184)

그렇다면 계나가 호주에서 찾은 행복투자법을 가지고 서울에서 잘 살 수는 없었던 걸까. 흔히들 말하듯이 행복은 마음먹기에 달렸으니, 자신이 언제 행복한지를 깨달았다면 그 실천은 서울이든, 호주든, 제주든, 크게 상관없는 것이 아닐까.

계나의 주체적인 행복투자법은 처음엔 한국에서도 이자를 창출할 수 있을 것이다. 그러나 주변 사람들의 말과 행동, 사회 전반의 분위기가 나의 투자법과는 전혀 다른 방향을 지향한다면, 처음의 그 생각과 태도를 끝까지 지켜나가기 어려울 거라는 생각이 든다. 계나가 잠시 한국에 들어와서 오랜만에 친구들을 만났을 때, 그 차이를 가장 현실적으로 느꼈을 것이다. 수익이 나더라도 손실이 더 크다면 결국은 마이너스고, 그런 시장이라면 지속적인 투자는 어렵다.

계나가 한국에서 지명이와 결혼을 하지 않고 동거만 하며 프리랜서로 살아가는 모습을 조금만 상상해봐도 벌써 가슴이 답답해진다. 지명이 부모님은 물론이고 계나의 부모님, 친구들, 그 외의 다양한 지인들이 어떤 종류의 애정 어린 잔소리를 가장한 무례한 폭력을 가할지 귀에 들릴 정도다. "지금 동거가 웬 말이냐.", "나이가 몇인데 결혼은 언제할 거냐.", "앞으로 어떻게 살 계획을 세우고 있느냐.", "더 늦기 전에 애를 낳아야지.", "그래도 맞벌이를 해야 더 빨리 큰 집을 사고 자산을 불릴 수 있다." 기타 등등. 이러한 잔소리와 훈수를 귓등으로 흘려듣더라도 한계는 있을 것이다. 사람은 주변의 영향을 끊임없이 받을 수밖에 없는 사회적 동물이니까.

결국 계나는 한국에서 자신이 원하는 '자산성 행복'과 '현금흐름성 행복'의 균형을 맞추기 어려울 거라는 결론을 내렸다. 절대다수가 '자산성 행복'을 이야기하며 '현금흐름성 행복'을 별 볼 일 없고 더 낮은 가치로 취급하는 분위기라면, '자산성 행복'을 추구하지 않는 사람들이 마음껏 행복하기 어렵다. 물론 반대의 경우도 마찬가지다. 개인이 각자에게 맞는 행복투자법을 제대로 인지하는 것은 당연히 중요하다. 하지만 아무리 잘 인지한다고 해도, 전체 사회에 각기 다른 행복투자법을 인정하고 배려하는 문화와 제도가 없다면 각 개인이 행복해지기는 쉽지 않다. 나의 단단한 취향, 가치관, 결심만큼이나 나를 둘러싼 주변의 환경도 중요한 것이다.

계나는 어찌 됐든 행복하고 싶었다. 그래서 다시 호주행 비행기를 타기로 했다. 멋모르고 처음 한국을 떠날 때와 달리, 자신이 왜 떠날 수밖에 없는지를 정확히 직시하고 나니 눈물이 줄줄 흘렀다. 그래도 뒤돌아보지 않고 뚜벅뚜벅 출국심사대를 걸어 나갔다.

한국과 두 번째 이별을 하게 된 계나가 너무 슬퍼하지 않길 바란다. 왜, 헤어진 커플이 다시 만나서 잘될 확률이 3% 정도밖에 되지 않는다는 말이 있지 않은가. 운이 좋고 또 좋아서 3%의 확률 안에 들었다면 좋았겠지만, 아니라고 해도 너무 슬퍼하거나 불행하게 여길 필요는 없다. 나에게만 특별히 찾아온 비극이 아니라 97%의 대다수가 자연스럽게 맞이하는 삶의 흐름이라고 생각하면 조금은 더 쉽게 받아들일 수 있다. 헤어짐은 아프지만, 그 과정을 통해 스스로에 대한 이해를 쑥쑥 높여주기 마련이다. 지금까지 그랬듯이 계나는 자신에게 더 적합한 사람과 환경을 성실하게 찾아낼 것이고, 점점 행복에 가까워질 거라고 믿는다.

지구 반대편에서는 더 행복하렴, 계나야.

"해브 어 나이스 데이."

아무튼, 행쇼!

　계나는 지구 반대편으로 떠났지만, 한국에는 더 많은 계나가 남아있다. 행복해지고 싶은데 대체 이놈의 행복이 뭔지, 어떻게 행복해져야 하는지 고민하는 수많은 청춘(물리적 나이로 청춘을 재단하지는 않겠습니다!). 때때로 행복이 어떤 절대적인 목표 혹은 종교처럼 받아들여지는 건 좀 부담스럽지만, 어차피 살아야 한다면 행복한 삶이 낫다는 것은 틀림없다.

　행복해지는 방법이 정해져 있지는 않을 거다. 사실 그럴 수도 없고. 『삼미 슈퍼스타즈의 마지막 팬클럽』에 등장한 친구들만 보아도, 계나와 전혀 다른 방식으로 행복에 다가갔다. 삼미 친구들이 보여준 방법은 순수하게 좋아하는 것을 더 많이 하는 것이었다. 얼마나 잘하느냐는 그다지 중요하지 않다. 그런 게 어디 있느냐고 볼멘소리가 나오려나.

　그런데 진짜 그런 활동이 있다. 예를 들어서 팬클럽(=덕질)! 누군가 혹은 무언가를 좋아하니 더 알고 싶고, 더 자주 만나고 싶고, 내 시간과 비용을 내서라도 기꺼이 그들의 활동에 동참한다. 게다가 여기에는 등수가 없다. "쟤가 인천 지역 1등 팬이래." 그런 말은 들어본 적 없지 않은가. 팬클럽처럼 더 잘하는 것에 의미를 두지 않고 좋아해서 하는 활동이 분명히 있으니, 그런 활동을 순수하게 더 자주 즐길 수 있다면 더 행복해질 것이다. 책 속의 사람들은 이 팬클럽과 아마추어 야구단 활동을 통해서 사회의 보편적 기준과 가치관을 따르지 않고 제멋대로 사는 방법을 찾아냈다. 타인의 기준에 얽매이지 않는 자유로운 몰입은 그들을 행복하게 만들어주었다.

행복을 갖는 또 다른 방법은 계나처럼 싫어하는 것을 제거하는 것이다. 지금 내가 처한 상황이 아주 불만족스럽다면 그 상황을 어떤 식으로든 멀리해야 한다. 추위가 싫으면 덜 추운 곳으로 가면 되고, 어떤 상사를 견딜 수 없다면 이직을 하거나 그 상사를 어딘가로 보내버리면 된다. 물론 그 과정이 너무 어렵고, 겨우 성공한다고 해도 생각지도 못한 더 싫은 것이 나타나 "까꿍? 요건 몰랐지?" 하며 놀라게 할 위험도 있다. 그래도 싫어하는 것이 분명하다면, 애써서 그것을 없애버림으로써 행복해질 수 있다.

재미있는 점은 삼미 친구들이나 계나도 둘 다 처음에는 사회에 적응하려고 노력해봤다는 부분이다. 그 과정에서 내가 어떤 사람인지, 어떤 때 행복하고 어떤 때 불행한지를 깨달았기에 다음 발걸음을 뗄 수 있었던 게 아닐까.

삼미 친구들과 계나의 방법이 조금 극단적으로 느껴진다면, 현시점 한국 사회에 성공적으로 안착하고자 노오력하는 가장 표준형 인물인 지명이처럼 순응하는 방법도 있다. 사회가 요구하는 자질이 개인의 적성과 성향과도 맞는다면, 어떤 면에선 좀 부러운 사람들이다. 아니면 성공적인 안착까지는 아니더라도 그 안에서 적당히 적응하고 만족하며 행복을 찾는 건 어떤가. 카페에서 아르바이트하며 생활하는 프리터족 혜나 언니와 미래가 불안정한 아티스트 남자친구를 사귀며 9급 공무원을 오랫동안 준비하며 지내는 예나. 계나는 그 둘을 희망이 없다며 안타깝고 답답하게 생각했다. 그러나 혜나 언니와 예나 모두 각자의 성향과 기준에 따라 본인이 더 행복한 방향으로 매 순간 본능적이고 합리적인 선택을 하며 살아가고 있는 것이다. 모든 삶에는 각자의 이유가 있다.

행복의 모양이 여러 가지인 만큼 그것을 찾으려는 방법 역시 이토록 다양하다. 어떤 것을 선택하든 개인의 자유다. 여기서 또 다행인 것은 하나를 택했더라도 살다 보니 내 안의 무언가가 바뀐다면, 또다시 새로운 선택지를 집어 드는 것 역시 충분히 가능하다는 점이다.

자, 그럼 이제 마음에 드는 행복의 모양을 골라보자. 뭐가 됐든 간에 서로의 선택을 다양하게 존중할 수 있다면. 어느 쪽이든 부당한 대우를 받거나 눈치 보지 않고 나대로 살 수 있다면. 모로 가도 서울만 가면 되듯이, 어떤 방법론을 택하든 조금씩 더 행복해진다면. 그것만으로도 충분하리라.

모두들 진심으로 행운을 빈다!

_____

여행의 끝은 언제나 감사의 마음으로

책 속의 장소까지 생생하게 표현해준 여러 작가님과 출판관계자,
오픈스트리트맵을 비롯한 수많은 지도 검색 서비스,
온라인에서 참고한 기사와 게시물의 원작자,
독서모임 트레바리의 〈읽을지도〉 클럽을 함께 했던 멤버

모두에게 『읽을지도, 그러다 떠날지도』의 지분이 있습니다!
이들이 없었다면 태어나지 못했을 책이기에, 진심 어린 감사와 작은
영광을 돌립니다.

모쪼록 책과 지도와 여행 안에서 행복하기를.

참고 도서 목록

1) 『김약국의 딸들』 / 박경리

2) 『운수 좋은 날』 / 현진건

3) 『소년이 온다』 / 한강 / 창비 / 1판 56쇄

4) 『차남들의 세계사』 / 이기호 / 민음사 / 1판 6쇄

5) 『삼미 슈퍼스타즈의 마지막 팬클럽』 / 박민규 / 한겨레출판사 / 개정판 3쇄

6) 『한국이 싫어서』 / 장강명 / 민음사 / 1판 22쇄

*책에 인용된 원문은 해당 판본을 기준으로 페이지 수를 표기하였고, 『김약국의 딸들』과 『운수 좋은 날』의 경우 다양한 출판사에서 출판되었기에 별도로 페이지 수를 표기하지 않았습니다.

읽을지도, 그러다 떠날지도

초판 1쇄   2021년 1월 15일
초판 3쇄   2021년 10월 20일
지 은 이   김경혜, 윤메솔, 이수연, 정민화
펴 낸 곳   하모니북

출판등록   2018년 5월 2일 제 2018-0000-68호
이 메 일   harmony.book1@gmail.com
전화번호   02-2671-5663
팩   스   02-2671-5662

ISBN 979-11-89930-71-4 03980
ⓒ 김경혜, 윤메솔, 이수연, 정민화, 2021, Printed in Korea
값 18,800원

이 도서의 국립중앙도서관 출판예정도서목록(CIP)은 서지정보유통지원시스템 홈페이지(http://seoji.
nl.go.kr)와 국가자료공동목록시스템(http://www.nl.go.kr/kolisnet)에서 이용하실 수 있습니다.